クマゼミから温暖化を考える

沼田英治著

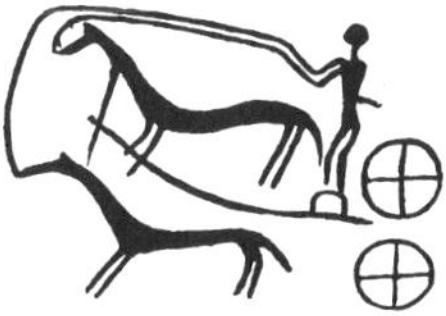

岩波ジュニア新書 833

はじめに

近年、新聞を読んでもテレビを見ても盛んに、「温暖化」という言葉が出てきます。それに対応するために「エコ」とか「省エネ」ということが推奨されています。「エコ」というのは、エコロジーの略で、日本語では生態学です。エコロジー(生態学)とは生物と環境との関係に注目した生物学の一分野で、一般には、ある種の生物個体が集まった個体群や多くの生物の集まりである群集、さらには生物と環境を一つのシステムと考えた生態系を研究する学問です。しかし、ここでいうエコは生態学そのもののことではありません。生態学の考え方を人間に適用することで、「人間は環境を大切にした活動をしなければならない」という社会運動が生まれ、この社会運動のこともエコロジーと呼んでいます。ヨーロッパを中心にこのようなエコロジーの考え方を基調とした「緑の党」という政党が存在します。スーパーマーケットに自分で袋を持参して、スーパーのレジ袋を使わないようにするのもこのような考え方の延長で、レジ袋の消費を減らすことでごみの量を減らすとともに、その原料となる石油の節約もめざすという意味から、持参する袋はエコバッグと呼ばれています。また、省エネはエネルギーを節約するという意味です。では、なぜ「温暖化」に対して「エコ」とか「省エネ」なのでしょうか。ごみを減らしたり、エネルギー消費を少なくしたりすると、なぜ温暖化を防げるのでしょうか。

　地球規模の温暖化の原因として、一九世紀の産業革命以降、石油や石炭などの化石燃料を人間が燃やすことによって、大気中の二酸化炭素濃度が急速に増加したことがあげられています。大気中で赤外線を吸収する気体が増えると、地表面から宇宙空間に赤外線の形で放出されるはずの熱の一部を回収するので地球表面の温度が上昇します。ガラスや透明ビニールで覆った温室の気温が高く保たれるのになぞらえて、これらの気体は温室効果ガスと呼ばれています。代表的な温室効果ガスの一つが二酸化炭素です。化石燃料の燃焼によって大気中の二酸化炭素濃度が増加すると温暖化が進むと考えられます。このような地球規模の急速な温暖化がさまざまな弊害を引き起こすとして、その速度を緩めるために、一九九七年に京都で開催された第三回国際連合気候変動枠組条約締約国会議（ＣＯＰ《コップ》３）で「京都議定書」が締結されました。京都議定書では先進国は二酸化炭素などの温室効果ガスの排出量の数値目標を示して削減することを約束しました。化石燃料の消費を少なくして、二酸化炭素の排出量を減少させ、それによって地球規模の温暖化の速度を緩めようということです。さらに、二〇一五年にパリで開催されたCOP21では、新たな枠組み「パリ協定」を採択しました。これには京都議定書の批准を拒否したアメリカ合衆国も参加し、世界最大の温室効果ガス排出国でありながら京都議定書では数値目標の対象外であった中国や発展途上国も含めたすべての国が削減目標を提出し、対策を進めることが義務づけられました。

そして、都市ではこの地球規模の温暖化に加えて、ヒートアイランドがあり、さらに著しく温暖化が進行しています。ヒートアイランドとは都市の気温が周囲よりも高い状態のことを言います。これは、都市では土が露出していたり、植物に覆われていたはずの地表面が舗装され建物が建てられ、工場や自動車、エアコンなどが熱を排出し、さらには大気が汚染されて温室効果が強められていることによります。現在では、都市計画の中で樹木などの緑の割合を増やすようにして少しでもヒートアイランドの効果を和らげる方向に進みつつあります。

地球規模の温暖化がさまざまな弊害を引き起こすことは、広く報道されていますし、わたし自身も含め都市に住む人たちはヒートアイランドの問題点も日常的に感じています。しかし、その一方で、わたしには、近年のマスコミ報道、時には科学者さえもが、何か環境の変化や生物の異変が起こると、十分な根拠なく温暖化のせいだと決めつけているように思えます。一つの例にセミのことがあげられます。ここ何十年かの間に大阪など西日本の都市ではクマゼミが著しく増加し、ほかのいくつかのセミが減少しました。そうすると、原因を確かめることもなく温暖化のせいであると言われます。本当にそうでしょうか。少なくともわたしたち科学者は、根拠なく推論を発表するべきではありません。そこで、わたしたちは「どうして西日本の都市ではクマゼミが著しく増加したのか、温暖化と関係があるのか?」を調べることにしました。

本書を最後まで読んでいただくとわかってもらえると思いますが、クマゼミの増加は温暖化と密接な関係があります。わたしたちはこの結論に至るまでに何年間も実験や観察をしなければなりませんでした。この本を読みながら、一つの結論を得るためにどのように考え、どのように実験や観察を行っていけばよいのかを一緒に考えていただければと思います。

目　次

目次

イラスト＝石森愛彦

第1章

近年にみるセミの変化

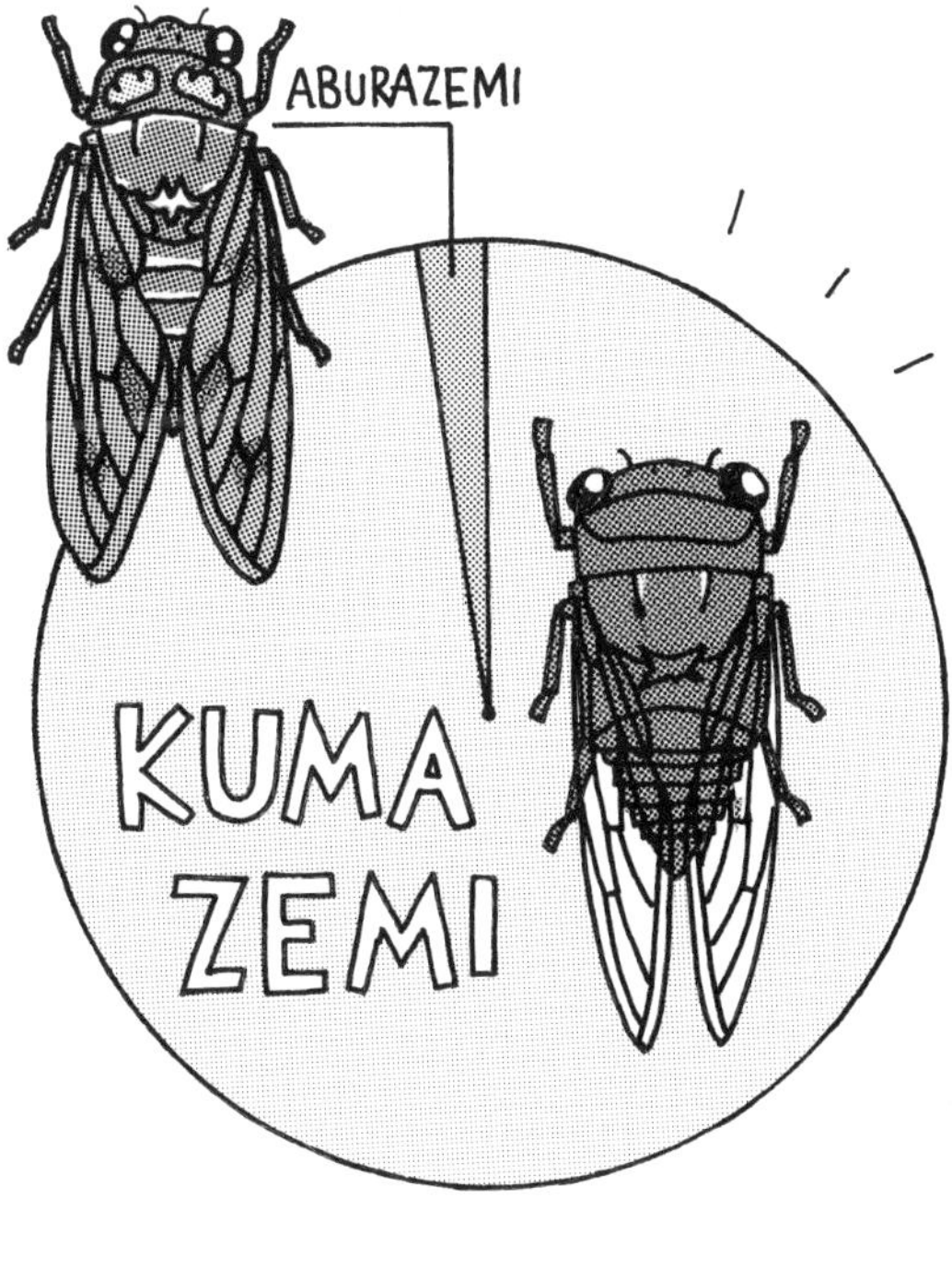

大阪におけるクマゼミの増加

大阪など西日本の都市において、ここ数十年の間にクマゼミが著しく増加したと言われています(図1-1)。まず、わたし自身の記憶に基づいてお話ししましょう。

わたしは大阪市の北に隣接する豊中市で育ちました。本書ではたくさん大阪付近の地名が出てくるので、これらの地名に親しみのない方のために、大阪付近の地図を用意しました(図1-2)。豊中市は現在の人口が約四〇万人、大阪市の衛星都市で今では完全な住宅地ですが、わたしが小学校に入った一九六一年には人口はその半分で、まだたくさん自然が残っていました。小学生の時は、公園でセミ採り、菜の花畑でチョウ採り、原っぱでバッタ採り、雑木林でクワガタ採り、ため池で魚釣りやザリガニ釣りなど楽しいことばかりでした。なかでもセミ採りは好きでした。そのころの記憶では、夏の早い時期にはニイニイゼミが、盛夏にはアブラゼミがよく採れ、秋が近づくとツクツクボウシが採れました。今でもツクツクボウシの鳴き声を聞くと「そろそろ夏休みの宿題をしなくては」とあせったことを思い出します。当時クマゼミも確かにいました。わたしたちが「どんぐり山」と呼んで、勝手に入って遊んでいた近所の私有地にあった非常に背の高いセンダンの木の上の方で、朝早くからクマゼミが鳴いていたことを覚えていますから。しかし、他の三種に比べてクマゼミが少なかったことは間違いありません。現れる季節は少しずつ違うものの数の多い順に、アブラゼミ、ニイニイゼミ、ツクツクボウシ、クマゼミだったと思います。しかもクマゼミは高い木の上にとまっていることが多かったために、竹ざおの先に母に作ってもらった布袋を付けた手製の捕虫網《ほちゅうもう》ではとうてい採ることができませんでした。ですから、わたしたち子どもの間では

図 1-1　クマゼミの成虫

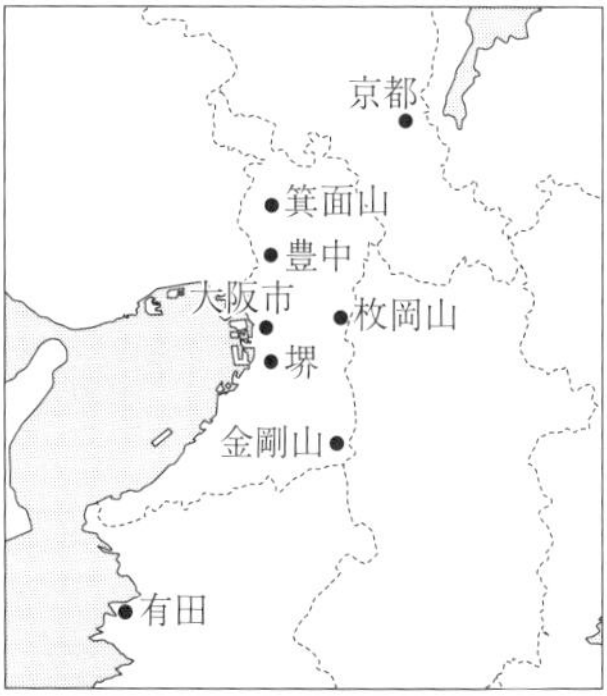

図 1-2　大阪付近の地図と本書で登場する地名

クマゼミを採ると自慢できたものでした。体長六～七センチメートルもあって重厚な黒光りのするからだで、羽化《うか》したての若いものは黄金色の微毛が輝いて見えるクマゼミは、わたしたちからするとまさに「セミの王様」でした(図1-3)。

日本を代表する漫画家の手塚治虫さんが書かれた「モンモン山が鳴いてるよ」(手塚治虫『「戦争漫画」傑作選』所収/祥伝社新書)という反戦漫画にも、クマゼミを自慢する子どもの話が出てきます。この漫画は一九七九年に発表されたものですが、中身は一九三六年の話です。この中に「クマゼミは　めずらしいので　町の子が　よろこんで　切手なんかと交換するのだった」という記述があり、バスでやってきた「町の子」に、郊外に住む主人公のシゲルがセミの入った虫かごを渡している絵が描かれています。手塚治虫さんは現在の豊中市のわたしが育った場所のすぐ近所の生まれで、一九三三年に現在の兵庫県宝塚市に

クマゼミ，ツクツクボウシ，アブラヒグラシの雌成虫(写真提供：森山実)

図1-3　セミの種類と大きさ．左から
ゼミ，ニイニイゼミ，ミンミンゼミ，

引っ越ししています。漫画の中には場所を特定する記述はありませんが、おそらく現在の宝塚市の状況を示しており、「町の子」というのは大阪から阪急電車とバスで来たのではないでしょうか。

手塚治虫さんは、ペンネームに虫という文字をつけたくらいの虫好きでしたので、虫に関する記述は正確であったに違いありません。ですから、一九三〇年代から、わたしがセミ採りをした一九六〇年代まで、大阪市付近では「クマゼミはいるけれど珍しい」という状況はずっと変わらなかったと思われます。わたしの亡き父は一九二七年生まれで、小学生の時に広島から豊中に引っ越しをしてきたと聞いています。ですから、手塚さんと同じころ豊中でセミ採りをしていたはずですが、その当時どのくらいクマゼミが珍しかったのかを

図 1-4　20 匹のクマゼミ(矢印)と1 匹のアブラゼミ成虫(楕円)がセンダンの木にとまっているところ

生前に聞いておかなかったのを悔んでいます。

わたしは一九七四年に大学に入って京都に移り、一〇年後に大阪の大学に就職することになって豊中市に戻りました。そのころ自分ではもうセミ採りをしなくなっていたので、どんなセミが多かったのかをはっきりとは覚えていません。しかし、一九九〇年ごろにわたしの息子たちがセミを採っているところを見た印象ではアブラゼミとクマゼミが同じくらい多かったように思います。図1-4は、二〇〇九年七月二九日に豊中で撮った写真です。この時は、わたしの家の二階からお隣の庭にあるセンダンの木にとてもたくさんのクマゼミがとまっているのが見えたので、お願いして撮らせてもらいました。この写真には、矢印で示した二〇匹のクマゼミと楕円で囲んだ一匹のアブラゼミが写っています。これから紹介する大阪市内とは違って、豊中では今でもアブラゼミは珍しくありませんが、このようにクマゼミが鈴なりになっているときもあります。こういう姿はわたしが子どものころには決して見られませんでした。

わたしがセミ採りをした一九六〇年代には、豊中市だけではなく大阪市内でもクマゼミは少なかったと、古くから大阪市に住んでいる人たちは言います。しかし、少なくとも二〇〇〇年以降は、わたしが勤めていた大阪市立大学の杉本キャンパス(大阪市住吉区)で見られたのは、ほとんどがクマゼミで、その数もかつてさまざまなセミがいたころのセミを合わせた数よりもずっと多くなっていた印象があります。そして、今ではクマゼミは木の低いところにもたくさんとまっているので、子どもでも簡単に採ることができます。二〇〇八年にキャンパス内でセミのぬけがらを集めたところ、何と九六・一パーセントがクマゼミでのこりの三・九パーセントがアブラゼミでした。一キロほど北の長居公園では、なんと九九・七パーセントがクマゼミで〇・三パーセントだけがアブラゼミでした。どちらでもニイニイゼミやツクツクボウシのぬけがらは見つかりませんでした。かつての「セミの王様」は、「もっともふつうにみられるセミ」に成り下がってしまいました。

セミの調査では、このぬけがら調査が重要な意味をもちます。一般には、あるセミの鳴き声が聞こえたら「そのセミがいる」と言います。しかし、鳴き声は間違いやすいので、別のセミや時にはキリギリスの仲間の鳴き声を間違えていたり、ひどい場合には鳥の鳴き声を間違えたと思われる報告さえあります。仮に間違いなくそのセミの鳴き声が聞こえたとしても、それは一匹の雄《おす》の成虫がそこにいたことを示すだけです。セミでは鳴くのは雄の成虫だけですから。もし姿を見かけたとしたら、鳴き声を聞いたというよりは確実な情報かもしれません。しかし、その場合も成虫がいたことの証明にしかなりません。別の土地で羽化した成虫が移動してきたのかもしれませんし、誰かがわざと持ち込んだのかもしれません。その点、ぬけがら調査の結果、ぬけがらが見つかった場合には、樹木の移植にともなって持ち込まれたような例外を除くと、何年か前にその場所で雌《めす》の成虫が産卵し、そこから生まれた幼虫がその場所で成虫にまで育ったことを意味しています。さらにそれが何年も続くならば、そのセミはその場所に定着していて、卵から成虫になって産卵して死ぬまでの一生を繰り返していることがわかります。

大阪市内のさまざまな場所で調べても、アブラゼミがクマゼミに負けないくらい多くいる西区の靫《うつぼ》公園や中央区の高津《こうづ》公園を例外として、どこでもクマゼミが圧倒的に多いのです。そして、かつてはふつうに見られたニイニイゼミやツクツクボウシは、大阪市内ではほとんど見られなくなってしまいました。ぬけがら調査はたいへん重要な意味をもつと書きましたが、実はこの調査が行れるようになったのは、一九九〇年以降です。したがって、それ以前の大阪市内にどのようなセミがどのような割合でいたのかという正確な情報は伝わっていません。タイムマシンがあれば昔の大阪に行ってどんなセミがいたのか調べてみたいですが、それはできません。そこで、二〇〇六年の夏に大阪市立自然史博物館学芸員の初宿成彦さんとわたしは、市民のみなさんの協力を得て「セミ採りの記憶」という名のアンケート調査を行いました(図1-5)。

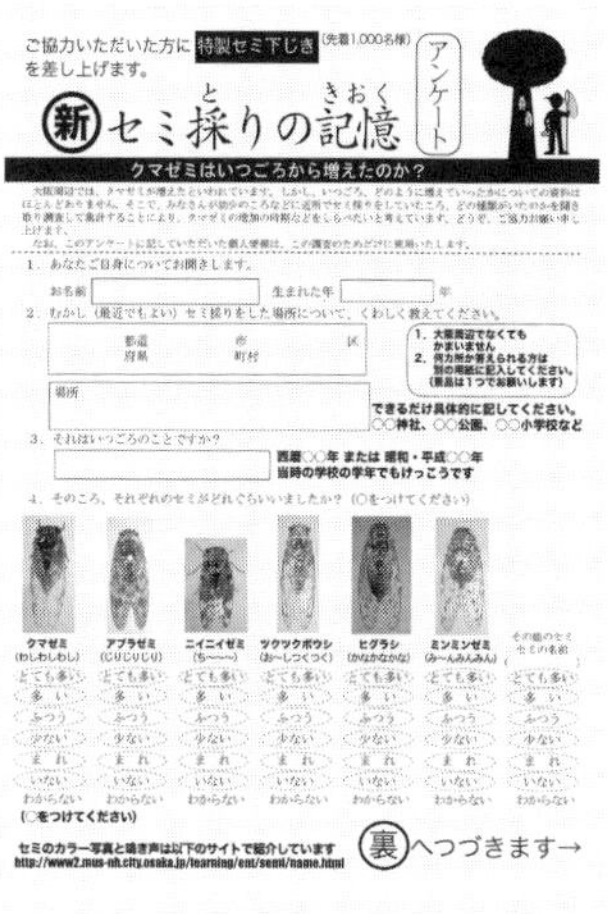

図 1-5　市民アンケート「セミ採りの記憶」．いつごろからクマゼミが多くなったのかを知るために行った

大阪市内でかつてセミ採りをしたさまざまな年齢の方々に、セミ採りをした時期と、どのセミが多かったかを思い出してもらいました。多くの人はセミ採りをするのは小学生の時です。そしてその後はあまりセミ採りをしないので、自分がセミ採りをした時にどのセミが多かったのかは記憶に残ってい

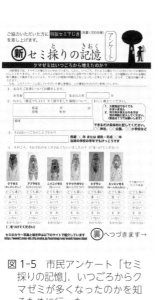

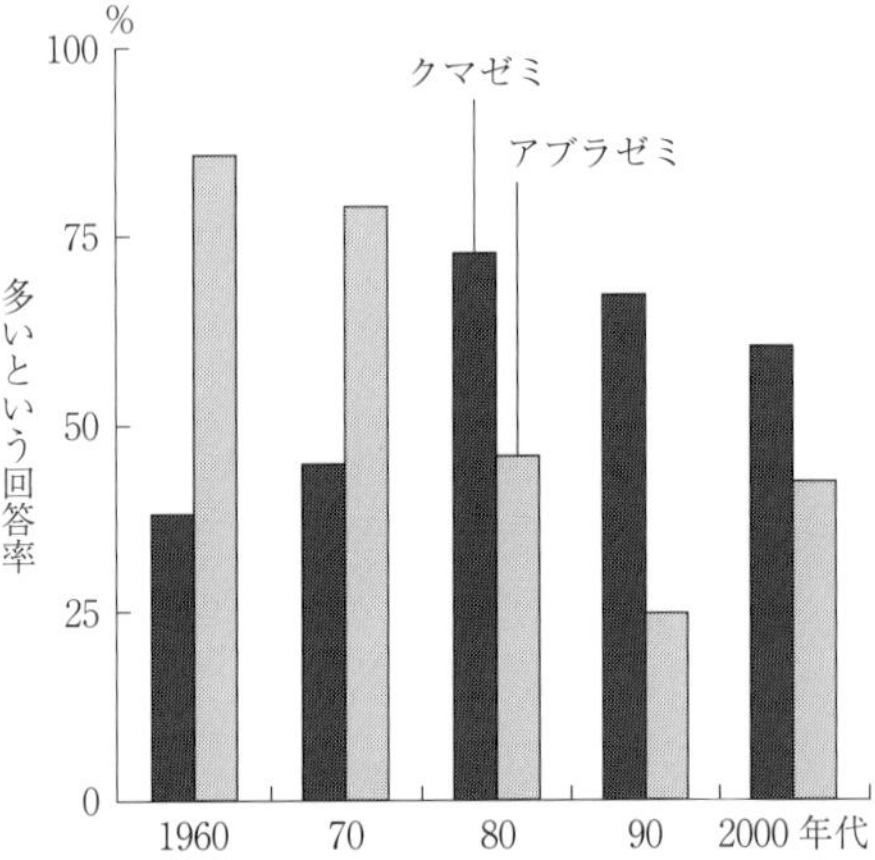

図 1-6　市民アンケート調査によるクマゼミとアブラゼミの多かった時期

るものです。わたし自身もそうでした。ですから記憶にもとづくアンケート調査というのは厳密に科学的なデータではありませんが、いつごろどのセミが多かったかの指標としては頼りになると考えました。このアンケートではセミの種類ごとに、そのセミが「とても多い」、「多い」、「ふつう」、「少ない」、「まれ」、「いない」の六つの中から選んでもらったもので、クマゼミとアブラゼミのどちらが多かったかという尋ね方はしていません。わたしがセミ採りをしていた一九六〇年代以降に大阪市内でセミ採りをした人の回答について、クマゼミとアブラゼミが、「とても多い」もしくは「多い」と記憶していた人の割合を図1-6に示します。これによると一九七〇年代までは「アブラゼミが多い」という人が「クマゼミが多い」という人よりも多く、一九八〇年代以降は逆に「クマゼミが多い」という人の方が「アブラゼミが多い」より多くなりました。この結果から推察すると大阪市内でクマゼミがアブラゼミよりも多くなったのは一九八〇年ごろのようです。

大阪では、ここ数十年の間にクマゼミが著しく増加し、他のセミが少なくなったことは間違いないでしょう。福岡や神戸などでもクマゼミが増えたと言われていますので、この現象は、西日本の多くの大都市で起こったと思われます。

変化したクマゼミの分布

温暖化にともない、本来熱帯や亜熱帯などの暖かい地域にすんでいた昆虫が分布を北に広げていることが、一九八〇年代くらいからよく報告されるようになりました。第5章で詳しく紹介しますが、たとえば熱帯、亜熱帯起源のカメムシやチョウが分布を北に広げています。温帯では、冬をどうやって生きぬくかというのが大きな課題ですから、暖かくなると分布を北に広げるのは理解しやすいことです。

クマゼミの場合はどうでしょうか。クマゼミはもともと日本では温暖な西日本から南日本に分布していました。かつての北限は、太平洋側では神奈川県、日本海側では福井県でした。そしてその間にある長野県などの山岳地域には分布していません。高校の先生をしながら昆虫学者としても活躍した加藤正世さんによって一九五六年に書かれた『蟬の生物学』(岩崎書店/復刻版が一九八一年にサイエンティスト社から刊行)という本には、「クマゼミは神奈川県逗子あたりから西の方の平地には普通であるが、以北には甚だ少ない」と書かれています。東京やそれより北の関東地方、中部地方でも長野県や富山県で鳴き声が確認されたことが書かれていますが、雌成虫が採れていないこと、ぬけがらが発見されていないことから、加藤さんはそれらの地域に定着しているかどうかには疑問を投げかけていました。ただし、本文ではなく「注」に、「一九五五年八月に東京の市ヶ谷でぬけがらが見つかった」と書かれているので、わたしが生まれた一九五五年ごろにクマゼミが東京に定着し始めたことが推定できます。さらに、一九九〇年に久留米大学教授であった中尾舜一さんによって書かれた『セミの自然誌』(中公新書)という本には、「太平洋側の分布東北限は神奈川県で、平塚市西部と城ヶ島を結んだ線と考えられている」と記されており、加藤さんの記述から三五年たってもほとんど変わっていません。ところが、一九九五年に環境庁(現・環境省)が実施した「'95身近な生きもの調査(セミのぬけがら)」では、東京都と千葉県からもクマゼミのぬけがらが見つかっています。そして一九九九年になると、東京都大田区の公園でクマゼミのぬけがらがたくさん見つかりました。現在では明治神宮など都内の至るところ、あるいは千葉県や埼玉県の一部でもクマゼミが珍しくなくなっています。さらに、二〇〇七年以降は茨城県取手市で毎年クマゼミのぬけがらが見つかっています。日本海側でも金沢市では二〇〇五年にクマゼミのぬけがらが確認されており、クマゼミは日本列島を着実に北上していると見ることができます。

二〇一〇年にNHK連続テレビ小説「ゲゲゲの女房」を見ていると、東京の調布市のシーンでクマゼミの鳴き声が流れました。わたしは「あれっ」と思いました。ドラマの舞台だった一九六〇年代の調布市でクマゼミの鳴き声が聞かれたとは考えにくかったからです。現在では東京付近でクマゼミの鳴き声が聞かれるため、番組製作者は疑いもなくクマゼミの鳴き声を流したのでしょう。実はわたし自身も似たようなことをした経験があります。わたしが大阪市立大学に勤めていた二〇〇八年の二月に、曹洞宗の開祖である道元の生涯を描いた「禅　ZEN」(高橋伴明監督／角川映画)という映画を製作していた会社の方から「セミのぬけがらを提供してくれないか?」という依頼を受けました。セミのぬけがらは夏ならいくらでもあるのですが、その時期に野外で探しても、風雨にさらされて傷んだものしかなかったでしょう。そこで、大学院生の森山実さんが夏の間に集めて研究室に持っていたクマゼミのぬけがらを送りました。そして翌年にこの映画が公開された際には映画館で鑑賞しました。

図1-7　クマゼミのぬけがら

映画自身も素晴らしいものでしたが、わたしたちが提供したぬけがらがたいへん重要な場面で使われていたことを喜びました。京都で道元がセミのぬけがらが水面に落ちるのを見て、それから進んでいく道を見つけたシーンはこの映画の中でも強く印象に残りました。ただ今から思うと、わたしたちは深く考えずに手元にあったクマゼミのぬけがらを提供しましたが、一三世紀の京都では、きっとクマゼミは珍しかったでしょう。図1-7はクマゼミのぬけがらの写真です。君たちもこれを見て、ぜひこれから進んでいく道を見つけてください。

ところで、クマゼミの場合、長い距離を自力で移動できるのは翅《はね》があって飛べる成虫だけだと考えられます。二〇〇四年と二〇〇五年の夏に初宿さんとわたしは「クマゼミはどこまで飛ぶか」という市民参加のイベントを行いました。市民のみなさんと一緒に捕まえたクマゼミの翅に油性のペンで印をつけて放し、どれくらい離れたところで再捕獲されるかを調べることによって、成虫の移動能力を知ろうとしたものです(図1-8)。

最初の年は大阪城公園で行いましたが再捕獲数が少なかったので、翌年には長居公園に場所を移して五〇〇〇匹以上のクマゼミに印をつけて放しました(図1-9)。ポスターを作って学校図書館などに送った他、新聞にも折り込み広告を入れて、印のついたセミを採った方からの情報提供を待ちました(図1-10)。そして、わたしたち自身も周囲の公園などで頻繁にセミ採りを行いました。結局、長居公園の中では一三二匹が再捕獲されましたが、長居公

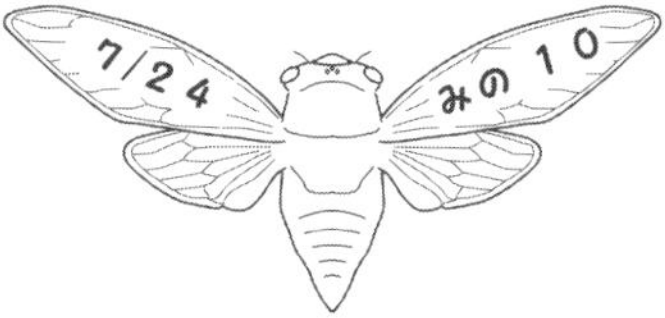

図1-8　クマゼミに油性ペンで印をつけたものの例．右の翅には採集者を示す略号と通し番号，左の翅には日付を記入．これは7月24日に「みのる」君が10番目に採ったセミ(出典：沼田英治・初宿成彦『都会にすむセミたち 温暖化の影響？』海游舎)

図1-9　クマゼミを捕まえて，翅に油性ペンで印をつける

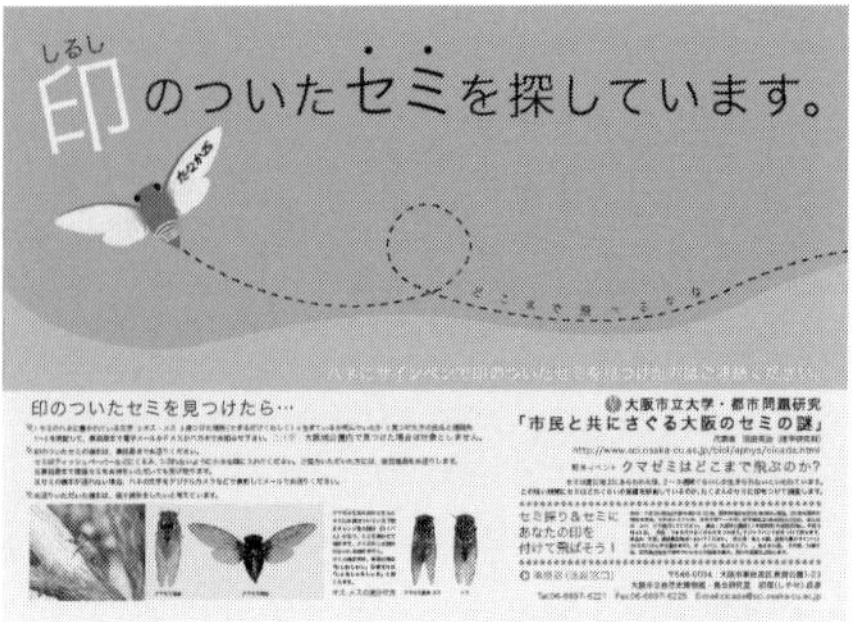

図1-10　クマゼミがどこまで飛ぶかを調べるために行った市民参加のイベントのポスター

園の外では再捕獲されたものと死骸《しがい》で見つかったものをあわせてたった九匹で、そのうちもっとも遠いものは一・二キロメートル離れたところで見つかった死骸でした。もちろん、印をつけて放しても再捕獲されるものはそのごく一部ですから、これをもとにクマゼミの移動能力を正しく推定するのは難しいのですが、クマゼミは都市の公園の中を飛んで移動しており、公園から道などを越えて外に出ることは少なく、あまり遠くまでは飛ばないという印象が残りました。このことと、クマゼミの分布が、北に向かって徐々に広がっているのではなく、不連続に都市部でのみ広がっていることを考え合わせると、クマゼミの北上は植樹などの人為的な移入による可能性があるように思われます。二〇一一年に発行された『日本産セミ科図鑑』（林正美・税所康正編／誠文堂新光社）のクマゼミの説明文には、自然の分布は今でも太平洋側では神奈川県南部が北限で、それ以北のクマゼミの多くは人為的移入によるものだと書かれています。したがって、クマゼミの場合、分布を北に広げていることは間違いありませんが、後程ご紹介するカメムシやチョウが自分で移動して分布を北に広げているのとは少し違うように思えます。それでも、それまで分布していなかった、より北の地域にクマゼミが定着できるようになったことは間違いありません。

第2章

クマゼミが引き起こした問題とは

セミによる食害

わたし自身が自分で経験した思い出からも、あるいは初宿さんと一緒に集めた市民対象のアンケート調査からも、過去数十年の間に、大阪でクマゼミの割合が増えたことは間違いないと思います。特定の昆虫が増えた場合、農業害虫の場合なら作物に大きな被害が出ます。また、衛生害虫の場合は、それが媒介《ばいかい》する病気が増加するなどの問題が生じます。しかし、クマゼミが増えても、それほど深刻な害は聞かれません。たとえば、大阪市立大学の杉本キャンパスや長居公園では、夏には驚くほどのクマゼミの成虫が見られますが、それらの幼虫がたくさんついているはずの樹木が、セミのせいで枯れたという話は聞きません。幼虫は何年も地下で過ごします。初宿さんが長居公園に設置した網室《あみしつ》に幼虫を放した実験の結果では、ばらつきはあるものの幼虫期間が七年間のものが多かったそうです。これは一回だけの結果なので、もっと多くの場所で何度も調べないと正確なことはわかりませんが、クマゼミの幼虫期間を七年間だと考えたなら、地下には地上で見られる成虫の七倍以上の幼虫が木の根を吸っていることになります。大阪市立大学や長居公園では夏に非常にたくさんのクマゼミ成虫が見られますから、その七倍ということは地下には想像できないくらいの数の幼虫がいることになります。それにもかかわらず樹木に顕著な害がないのはどうしてでしょうか。

その理由は、植物の液体成分を吸う昆虫の多くが光合成で得られた栄養の通り道である篩《し》管《かん》の液体を吸うのに対して、セミは根から吸い上げた水の通り道である道管の液体を吸うからと考えられます。木の幹や根の中には篩管と道管という管が通っています。篩管は葉で光合成によって作り出した栄養を運ぶ管で、その中にある液体を篩管液と呼びます。篩管液には大量の糖類が含まれています。一方、道管液は基本的には土壌に含まれる塩類だけを含む水ですが、わずかに根の細胞に由来するアミノ酸を含みます。道管液にわずかに含まれるアミノ酸を栄養として、セミの幼虫はゆっくりと成長します。そのために植物に対する影響は大きくないので、根にたくさんのセミの幼虫がついていても樹木は枯れないのでしょう。

沖縄のサトウキビ畑には、イワサキクサゼミという日本最小のセミ(体長約一・五センチメートル)がいます。このセミはもともとススキなどの野生の植物についていたのですが、サトウキビの栽培方法の変化などによって害虫となり、一九六〇年代後半から一九七〇年代にはおびただしい数のイワサキクサゼミがサトウキビ畑で発生していました。しかし、そのような時でも大量のセミの幼虫がつくことによってサトウキビが枯れることはなく、成虫がサトウキビの葉に口吻《こうふん》を刺して吸うことによって葉が傷むことによる被害の方が顕著でした。

一方、成虫が果実に口吻を刺して吸汁《きゅうじゅう》する場合には、果物の価値を下げてしまうので害は大きいものとなります。たとえば、クマゼミに近縁なスジアカクマゼミは韓国でリンゴに大きな被害をもたらしているそうです。近年スジアカクマゼミが金沢市に侵入して定着しているので、これが長野などリンゴの産地に分布を拡大しないか心配なところです。日本にもとからいたセミも、果実から吸汁したり、果実に産卵したりすることで害を引き起こすことがあります。一番よく知られているのはナシに対するアブラゼミの被害です。クマゼミも果実の害虫となる可能性はありますが、今のところあまり被害は聞かれません。

騒音の問題

このようにクマゼミの食害が問題になることはほとんどないのですが、大阪など西日本の大都市ではクマゼミの鳴き声はとてもうるさいです。わたしが大阪市立大学に勤務していた当時、クマゼミの鳴く盛夏の午前中には屋外で会話もできないくらいでした。初宿さんが長居公園の中にある大阪市立自然史博物館で音量を測定した結果によると、日によっては九〇デシベルを超える日がありました。九〇デシベルというのは騒々しい工場の中に匹敵する音量です。このレベルの騒音を長時間にわたって聞き続けると内耳に障害を受けて難聴になるくらいの音量です。それにもかかわらず、あまり社会的に問題とはされていません。どうしてでしょうか。

わたしの家では寝室にはエアコンをつけていません。したがって、暑い夏は窓をあけて寝ています。当然ですが早朝からクマゼミの騒がしい鳴き声が聞こえてきますが、それでも平気で寝ています。一方、近所で朝から工事などがある時には必ずその音で目が覚めます。機械的な騒音とセミの鳴き声では同じくらいの音量でもわたしたちに与える不快さの程度が違うからでしょう。

光ケーブルの切断

ところが、二〇〇〇年代に入ったころから、クマゼミがもたらす別の被害が注目されるようになってきました。それは、インターネットを一般家庭に引き込むための光ケーブル（ドロップケーブル）がクマゼミの産卵行動によって切断されるという現象です。

クマゼミは直径五ミリメートルから二センチメートルくらいの比較的細い枯れ枝に産卵します。生きている枝を与えても産卵しようとしません。なぜ枯れ枝だけに卵を産むのか明確

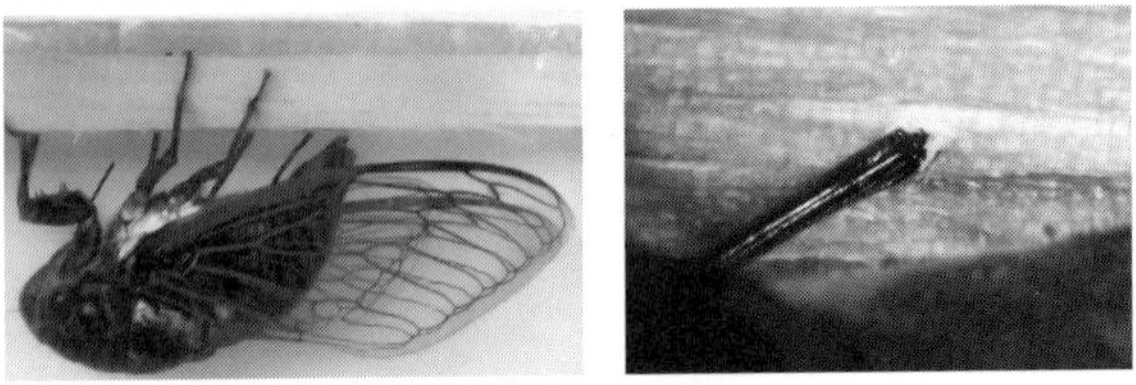

図2-1　クマゼミの産卵（写真提供：森山実）

な理由はわかりません。しかし、わたしは以下の可能性を考えています。第6章で詳しく説明しますが、わたしたちはクマゼミの一齢幼虫《いちれいようちゅう》は雨の日に高い湿度を感じて孵化《ふか》することを明らかにしました。昆虫では卵から幼虫が孵《かえ》ることを孵化といい、孵化した幼虫が一齢で、脱皮をするごとに二齢、三齢と成長していきます。セミなどの不完全変態昆虫では、大きくなった幼虫が脱皮して成虫になります。これを羽化《うか》と呼び、羽化する前の幼虫を終齢と呼びます。脱皮回数は決まっている種が多く、クマゼミでは五齢が終齢です。一方、チョウなどの完全変態昆虫では、終齢幼虫は脱皮して蛹《さなぎ》になり、蛹から成虫が羽化します。

　さて、クマゼミの一齢幼虫が無事土に潜って木の根にたどり着くには雨の日に孵化した方が都合がよいのです。土がぬれていて潜りやすい上、地表を歩いて潜る場所を探す際に乾燥によって死亡する可能性も低いからです。生きている枝の中はいつでも湿度が高いので、雨の日に孵化するために空気中の湿度を感じ取るには、枯れ枝に卵を産む方がよいのではないかと思います。

図2-1は、枯れ枝の代わりにホームセンターで買ってきたネムノキの角棒にクマゼミの雌《めす》成虫が産卵している写真です。左の写真から、ふだんは腹部末端に格納されている産卵管を角棒に突き立てている様子がわかります。右に産卵管の部分を拡大した写真を示します。クマゼミの産卵管は長さ一センチメートル以上あり、一見するとその名の通り一本の管のように見えますが、実はのこぎりの歯のようなギザギザのついた左右一対の側片と一本の中心片からできています(図2-2)。実物は全体が黒いのですが、図では中心片を灰色で示しています。側片ののこぎりの歯のような部分は非常に硬くて丈夫です。産卵する時には側片をかわるがわる運動させて、わたしたちが錐《きり》を使う時のように硬い材に穴をあけます。わたしも初めて見た時にはびっくりしました。硬い材がまるで軟らかいチーズのように見えるくらい、簡単に産卵管が刺さっていきました。そして一つの穴に五〜一〇個の卵を産みます。深さは一センチメートルくらいになりますが、穴は斜めにあけるので太さ

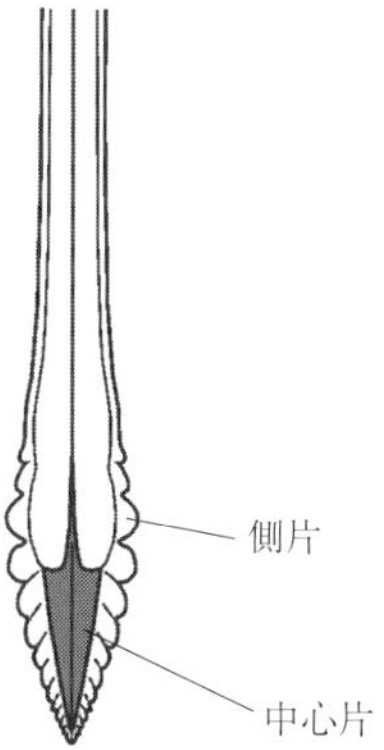

図2-2　クマゼミの産卵管(出典：沼田英治・初宿成彦『都会にすむセミたち　温暖化の影響？』海游舎)

が一センチメートルよりも細い枯れ枝でも反対側に突き抜けることはありません。

インターネットの家庭用光ケーブルは黒いポリエチレンの被覆《ひふく》で覆われており、外観が枯れ枝と似ています。断面図を図2-3に示します。グラスファイバーでできた心線《しんせん》の光ファイバーを、FRPなどの弾力性のある線で両側から挟んでいる本体部分と、鋼でできた丈夫な支持線とが連結されています。クマゼミが好んで産卵する枯れ枝より細いのですが、それと間違えて産卵しようとするようです。たとえば柑橘類《かんきつるい》（ミカンの仲間）の葉に産卵するアゲハチョウでは、柑橘類の葉に含まれている化学物質が産卵行動を引き起こします。しかし枯れ枝に産卵するクマゼミの場合、産卵するために特別な化学物質の存在は必要ないのでしょう。実際に実験室で光ケーブルを与えても産卵しようとして穴をあけました（図2-4）。このときは支持線のついていない光ケーブルを与えましたが、産卵しようとしました。産卵管によって光ケーブルに穴をあけるだけではなく、そこに

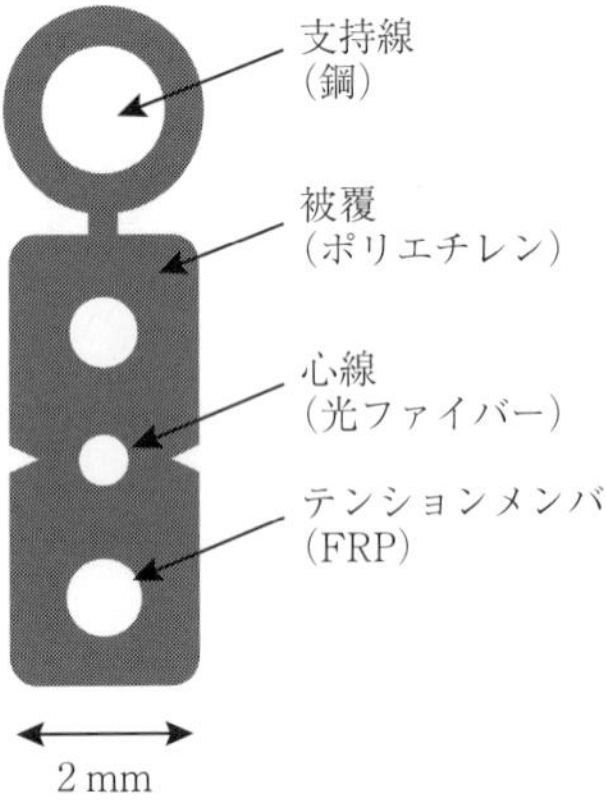

図2-3　家庭用の光ケーブルの断面図

卵を産むこともあります。光ケーブルの被覆部分は薄いので、卵は浅い穴の中に完全におさまらずに露出してしまいます。したがって、野外で光ケーブルに産まれた卵は冬の間直接風雨にさらされて、落下して死んでしまうのだろうと思います。クマゼミにとって、光ケーブルは産卵するべき枯れ枝と紛らわしくて迷惑なものに違いありません。

そして、クマゼミが枯れ枝と間違えて光ケーブルに産卵管を突き立てて産卵しようとすると、被覆のみならず中の心線さえも折ってしまいます。そうなるともちろんインターネットはつながりません。このような通信障害が二〇〇五年にはＮＴＴ西日本だけで約一〇〇〇件あったそうです。そして、このニュースは世界中に広がりました。二〇〇七年にはアメリカの学術雑誌『サイエンス』の記者からわたしに電話がかかり取材を受けました。そしてそれは「デバッギング ジャパンズ ケーブルズ」という記事になりました。君たちはデバッグという言葉を知っていますか。デ

図 2-4　光ケーブルへのクマゼミの産卵行動（写真提供：森山実）

バッグとはコンピュータプログラムに誤りのある個所を見つけて、それを修正することです。バッグ(バグ)とは虫のことで、たとえばわたしが長年研究している豆の害虫であるホソヘリカメムシは、英語でビーンバッグ(豆の虫)と呼ばれます。コンピュータプログラムが正常に動作しない場合には、当然何か誤りがあるのですが、その誤りのことを古くからバグ(虫)と呼んでいました。そのためにバグを見つけて解消することを、「虫を取り除く」という意味でデバッグと呼ぶようになったのです。『サイエンス』の記者は、インターネットのケーブルにクマゼミがとまって産卵しようとしていることを、虫(バグ)がデバッグしているとみなしたわけです。アメリカ人にとっては、一般家庭が光ケーブルでインターネットにつながっているようなＩＴ先進国で、なんと虫がその通信を妨げたことが驚きであり、からかうような調子で「虫がデバッグしている」と書いたのでしょう。

同様のニュースはアメリカの『サイエンス』だけではなく、イギリスの学術雑誌『ネイチャー』にも掲載されましたし、イギリスの新聞『タイムズ』でも報道されました。タイムズは学術雑誌ではなく、世界でもっとも伝統のある日刊新聞です。見出しは「恋するセミが静寂の音をかき消す」というロマンチックなものでした。この記事には松尾芭蕉の「閑《しずか》さや岩にしみ入蟬の声」という俳句の英訳が添えられていました。この俳句は一六八九年の七月一三日に芭蕉が山形の立石寺で詠んだものです。大正から昭和にかけて活躍した歌人の斎藤茂吉はこれをアブラゼミの声だと考えたそうですが、わたしは時期から考えるとアブラゼミよりも早い季節に鳴くニイニイゼミの方が妥当だと考えます。いずれにしても、山形に分布していないクマゼミではありません。ところで、イギリスには、セミはヤマチッチゼミという体長二センチメートルくらいでチッチッと鳴く種だけが分布しており、個体数も多くありません。したがって、夏に日本を訪れたイギリス人は、たいていセミの鳴き声に驚きます。一方、アメリカには一三年または一七年周期で大量に発生する周期ゼミがいます。発生する地域では羽化する成虫の数は驚くほど多いのですが、やはり体長二・五センチメートルくらいの小さいセミです。わたしはこれらのセミの産卵習性を知りませんが、少なくとも光ケーブルに対する害は聞いたことがありません。

かつて、光ケーブルを作っている会社から「クマゼミの被害を防ぐ対策はないか」と相談されたことがありました。一九九〇年代には、伊豆大島などに人為的に持ち込まれて定着、個体数を増加させているタイワンリスが光ケーブルをかじるという被害が続出しました。この場合には被害の多い地域では特別に金属の保護カバーを付けたケーブルを敷設し、それによって被害を防いでいるそうです。これと同様に金属の保護カバーを付ければクマゼミ対策となるはずですが、クマゼミの被害の方が比較にならないくらい地域が広く、そこに敷設されている光ケーブルの数も多いために、費用が膨大になってしまうそうです。その後現在までに、ケーブル本体と支持線の間の連結部分を太くして産卵管を入れやすい溝をなくしたり、心線の両側を樹脂でできた防護壁で挟むなど、さまざまなクマゼミ対策の工夫がなされています。また、クマゼミは生きている枝には産卵しないという性質を利用して、柔らかい被覆で覆ってクマゼミに生きている枝と勘違いさせるようなケーブルも開発されています。当時、わたし自身も光ケーブルを作っている会社にいくつか助言をしました。そういう時、わたしは純粋に生物学の立場から「クマゼミが産卵しないようなケーブルにするにはどうしたらよいか」と考えましたが、実際にはクマゼミが産卵しないような工夫をするための費用はもちろん、そのためにケーブルの敷設やメンテナンスのしやすさに影響が出ないか、また外観はどうだろうか、などといった観点からの検討が必要であることを知りました。この時に、それまであまり気にしていなかった「学問として真実を解明すること」と「実用化する場合に解決しなければならない問題」との間のギャップに気づきました。

第3章

今，起こっている温暖化とは

地球温暖化とその原因

近年、至るところで「温暖化」の問題が叫ばれていますが、実際に何が起こっているのでしょうか。まずこれを把握しましょう。よく指摘されている温暖化とは、近年の気温の急激な上昇のことです。近年とはいつからと考えるかも人によって違いますが、およそ過去一〇〇年間のことをいうことが多いようです。「近年の温暖化」という言葉をそのまま受け取ると、長い間ほぼ一定であった気温が一〇〇年前から急に上昇したようにとれますが、実際はそうではありません。これまで地球は温暖化と寒冷化を何度も繰り返してきました。今よりも、はるかに暖かかった時代もあります。現在は、「氷河時代」にあります。と言うと、君たちは「ええっ、マンモスがいたような寒い時代が氷河時代じゃないの」と思うかもしれません。地質学では地上のどこかが氷床《ひょうしょう》で覆われている冷涼な時代を氷河時代と呼びます。実際、南極大陸やグリーンランドは今も氷床に覆われています。地球は約四三〇〇万年前に氷河時代に入りました。それ以前は今よりもずっと温暖で氷床のない時代が長く続いていたそうです。氷河時代のうちで寒くて地上の広い部分が氷床に覆われている時期を氷期と呼びます。たぶん、君たちの氷河時代のイメージはこの氷期にあたるものでしょう。氷期と氷期の間の温暖な時期を間氷期と呼びます。約七万年前から約一万年前まで続いた最後の氷期の中で一番寒かったのは約二万年前でした。化石などの証拠から、このころにはすでに日本に人が住んでいたことは間違いありません。地球の歴史はあまりにも長いので、ここではこの約二万年前からのことに話を絞りましょう。約一万年前には温暖化が進み、間氷期になりました。そのあと氷期は来ていませんので「間」というのは変ですが、やはり間氷期と呼びます。将来また氷期が来ることが予想されるからでしょう。約一万年前というのは日本では縄文時代の初めにあたります。わたしは学生時代に、「縄文時代は暖かかったのでそれまで大陸の上にあった氷の多くが溶けて海水に注ぎ込んだために海面が上昇して陸が狭くなっていた」と習いました。今では地球全体の気温と各地域の海水面の関係はそう簡単なものではないことがわかっているそうですが、縄文時代に日本では現在の平野部のかなりの部分が海水の下にあったのは事実です。そして、約二〇〇〇年前の縄文時代の終わりから弥生時代にかけて寒冷化が進みます。縄文時代より前の氷期ほど寒くなったわけではありませんが、その後は現在まで縄文時代より冷涼な気候が続いてきました。もちろん、弥生時代以降も気温はほぼ一定であったわけではなく、短い間隔で不規則に変動してきました。このように、日本に人が住みついて以降も、気候は温暖になったり寒冷になったりしてきたのです。ところが、二〇世紀以降は着実に温暖化が進んでいます。しかもその温暖化の程度も時期が進むほど速くなっています。この点については、第4章でもう少し詳しく説明します。

その原因は何でしょうか。産業革命以降、石炭や石油などの化石燃料を大量に燃焼してきたことにともなって空気中の二酸化炭素濃度が増加したせいではないかと言われています。同じ時期に、熱帯雨林の伐採も、植物が光合成で消費する二酸化炭素を減らしたので、二酸化炭素濃度の上昇に貢献しました。では二酸化炭素濃度が増加するとなぜ温暖化するのでしょうか。図3-1を見てください。地球にどこから熱が供給されているかは知っていますね。そうです。太陽からの電磁波の放射によって熱が伝えられています。太陽の光はさまざまな波長の電磁波を含みますが、一番強いのはわたしたちの目に見える光、可視光線です。そして、それよりも波長が長くて目に見えない赤外線や、より波長が短くて目に見えない紫外線も含みます。紫外線の多くは大気を構成するオゾン、窒素や酸素に吸収されますが、わたしたちのところまで届くと、遺伝子の本体であるDNAの損傷や日焼けをもたらします。

また、赤外線は大気中の水蒸気や二酸化炭素などに吸収されるので、地表に到達するのは可視光線が圧倒的に多く、これは地表に吸収されて熱を生じます。そして、この熱は再び電

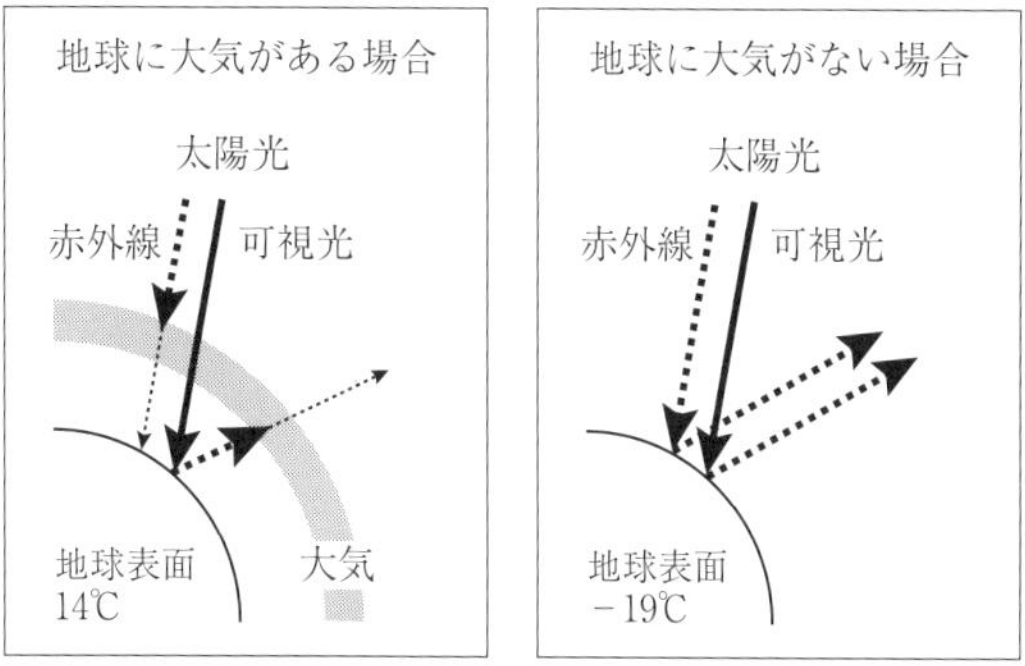

図 3-1　太陽の放射と温室効果

磁波の形で地表から放出されますが、その時には可視光線より波長の長い赤外線になります。この赤外線も太陽からの赤外線と同様に大気中の水蒸気や二酸化炭素などに吸収されるので、一部しか宇宙空間には放射されません。これによって、大気中に赤外線を吸収するガスがない場合と比べて多くの熱が地球上に保持されるのです。このしくみを温室効果と呼び、この赤外線を吸収するガスを温室効果ガスと呼びます。それは、地球全体を農業で使われている温室にたとえたものです。温室でも地面に到達した可視光線を中心とした太陽の放射は地表から赤外線として放射されますが、それを吸収して温度が上がった空気は密度が低く(軽く)なるので、通常は上昇してゆきます。温室ではこの温度の上がった空気を逃がさないようにガラスやビニールで覆ってあるので、内部が暖まり寒い季節に作物を作ることができます。かつてイチゴは春の果物でしたが、現在では温室(ビニールハウス)のおかげで冬から出回っています。一方、温室効果ガスは、ガラスやビニールで上昇を抑えられているわけではないので、厳密には温室効果ガスによる温暖化は本当の温室が暖かく保たれているのとはしくみは異なりますが、地表からの赤外線を吸収して暖めているという点では共通です。

もし大気がなかったら、地球の表面温度の平均はマイナス一九度くらいと言われており、実際に地球全体を平均した値の約一四度との差は三三度にもなり、この差は温室効果ガスが作り出していると考えられます。水蒸気もそうですが、二酸化炭素も代表的な温室効果ガスです。近年になって化石燃料を燃焼し、熱帯雨林を伐採して空気中の二酸化炭素濃度が増加したので、温室効果が強められて地球の表面温度が上昇したと考えられます。遠い過去に地球が今よりずっと温暖であった時代には空気中の二酸化炭素濃度が高かったことも、これを裏づけています。

この他、メタンは同じ量の二酸化炭素の二五倍の温室効果をもちます。メタンは沼地などでバクテリアによって作られたり、火山で放出されたりするので、もともと大気中に少量は含まれていましたが、近年はウシやヒツジなどの動物の消化器で作られているメタンが増加しています。これらの動物の胃は四室に分かれており、餌《えさ》である植物のセルロースを消化するために、第一胃（ルーメン）の中に原生動物やバクテリアといった共生微生物を大量に保持しています。そして、一度飲み込んで第一胃の中でこれらの共生微生物の消化作用を受けさせた食物をもう一度口に戻してから再び飲み込んでいます。これを反芻《はんすう》と呼びます。反芻を行う動物の共生微生物のはたらきによってメタンが発生しますが、これは吸収されずに、「げっぷ」や「おなら」として大気中に放出されます。人口が増え、反芻をする家畜の数が増えるのにつれてメタンの放出量も多くなっています。大気中の濃度は二酸化炭素ほど高くはありませんが、メタンも温暖化をもたらしていると考えられます。また、冷蔵庫やエアコンの冷媒《れいばい》などとして使われるフロン類は、メタンよりもさらに高い温室効果をもつ他、有害な紫外線を吸収する大気中のオゾンを破壊するので、近年は使用に大幅な制限がかけられています。

都市の温暖化とその原因

地球規模の温暖化とは別に都市部ではヒートアイランドと呼ばれるさらに急速な温暖化が進行しています。先に述べたようにヒートアイランドとは都市の気温が周囲よりも高い現象のことで、同じ温度のところを結ぶと海に浮かぶ島のような形になるので、そう呼ばれてい

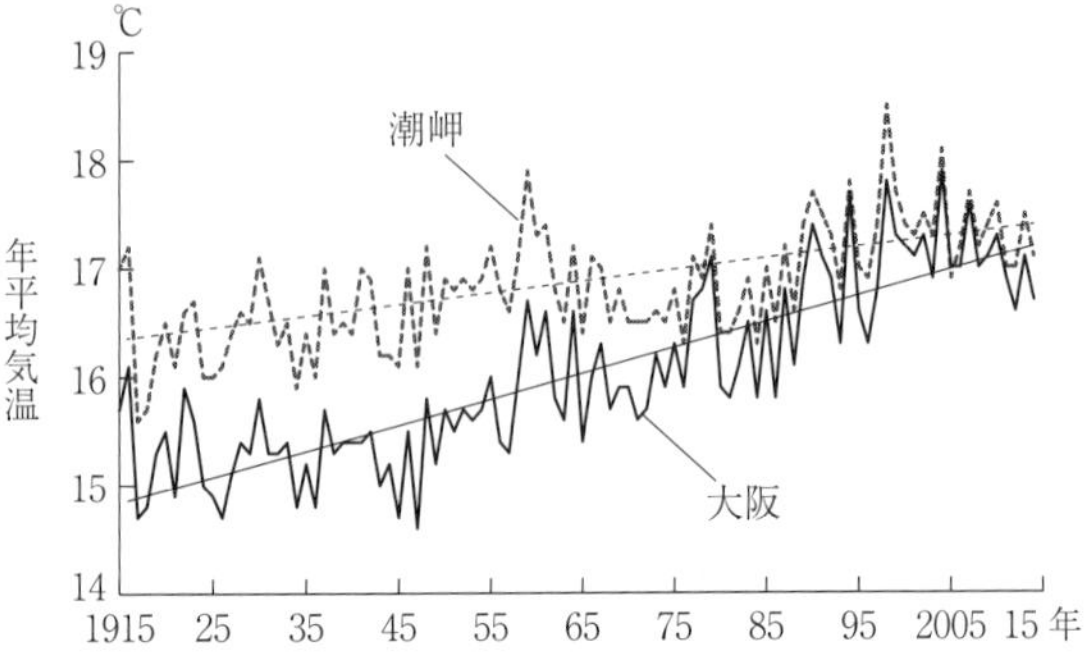

図 3-2　大阪と潮岬における過去 100 年間の
年平均気温の推移（気象庁による）

ます。温暖化を議論する際は両者を含めて考える必要がありますが、地球規模の温暖化と比べてヒートアイランドは著しく速いものです。図3-2にヒートアイランドがあまり影響していないと思われる和歌山県の南端にある潮岬《しおのみさき》と、近畿地方でもっとも都市化の著しい大阪の過去一〇〇年間の年平均気温を示します。この一〇〇年間に潮岬では年平均気温が約〇・九度上昇しましたが、大阪では約一・七度上昇しています。潮岬は本州最南端の岬で、黒潮の影響もあって温暖なところです。しかし、今では潮岬と大阪の気温の差はとても小さくなっています。このくらいヒートアイランドは顕著なものです。

では、ヒートアイランドはどういう原因によるのでしょうか(図3-3)。わたし自身、以前からヒートアイランドという言葉を聞いたことはありましたし、ずっと都市に住んでいたので、都市がその周辺の地域に比べて暑いこともからだで感じていました。しかし、クマゼミの研究に関わるまでヒートアイランドについて深く勉強したことはありませんでした。自動車が動くとエンジンが熱くなるし、エアコンの室外機からは熱が放出されていることも知っていたので、工場などの機械から発生するものも含めて、都市では熱をたくさん排出するから暑いのだろうと考えていました。ところが、ヒートアイランドについて勉強してみると、このような人工排熱は確かにヒートアイランドの原因にはなっていますが、それよりももっと都市に暑さをもたらす要因があることを知りました。さてそれは何でしょうか。

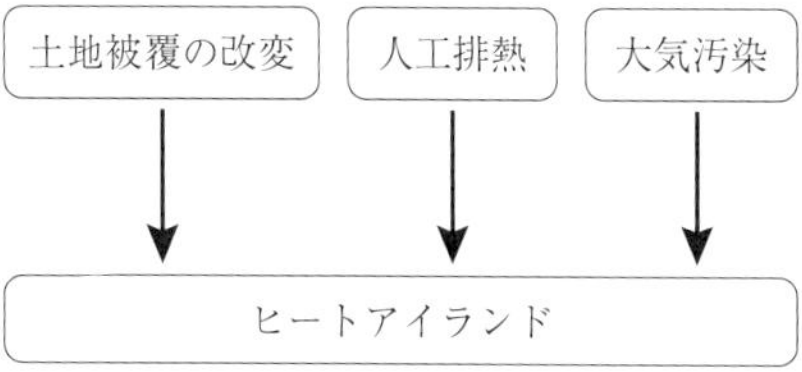

図 3-3　ヒートアイランドをもたらすしくみ

それは、道路がアスファルトで舗装されたり、コンクリートの建物が建つことにより地表面が人工化したことです。都市になる前の地表面は土がむき出しになっていたり、植物に覆われていたりしていたはずです。土にせよ、植物の葉にせよ、そこからは常に水が蒸発しています。水は蒸発して水蒸気になる際に必ず気化熱(蒸発熱)を奪います。気化熱が冷却においてどのくらい重要かを、わたしは講義で動物の体温調節の説明をする際にいつも強調しています。鳥類と哺乳類は恒温動物であり、代謝によって作り出した熱で環境温度より高い、ほぼ一定の体温を維持することで寒いところでも活発に行動することができます。しかし、環境温度が体温に近いくらい高い時はどうでしょうか。熱は温度が高い方から低い方へ、その温度差に比例して、伝導、対流、放射のいずれかによって移動します。しかし、環境温度と体温の差が小さくなってくるとこれらの方法では熱は放出できません。代謝が高く体内で熱を作り出している恒温動物がこの環境におかれると、伝導、対流、放射以外の方法で熱を放出しないと体温が上がりすぎてしまいます。この場合に利用できるのが水の気化熱です。水一グラムが水蒸気になる際に、〇度では五九七カロリーの熱を奪いますが、暑い三〇度でも五八〇カロリーの熱を奪い、環境温度に大きく左右されません。つまり、暑い環境でも水の気化熱を利用すると効率よく熱を放出することができるのです。したがって、暑い環境ではわたしたちヒトは発汗して気化熱を放出し、イヌなどは「あえぎ呼吸」という浅くて速い呼吸で呼吸器の表面から水を蒸発させて気化熱を放出します。君たちは、暑い日にイヌが「はぁはぁ」やっているのを見たことがあるでしょう。あれが「あえぎ呼吸」です。ヒトは発汗によって体温を下げる代表的な動物なので、「あえぎ呼吸」という言葉はあまりよく知られていませんが、実はイヌ以外にもトリやウシなどはみな「あえぎ呼吸」を行う動物で、こちらの方がむしろ一般的なのです。

都市についても熱を放出する際に水の気化熱が重要であるという点では同じです。都市になる以前は、土の表面や植物の葉からの水の蒸発によって気化熱が奪われることで熱を放出していたはずです。ところが、都市化が進んで地表面がアスファルトやコンクリートで覆われてしまった結果、雨水はしみこまずに直接下水道へと排出され、晴れると地表面はすぐに乾いてしまうので、水の気化熱として奪われる熱が少なくなりました。そのために地表面が人工化した都市の温度が上がったのです。また、建物が建つことによって、地表面に凹凸が増えますので日のあたる面積が増えて太陽の放射熱の吸収量が増えます。そしてアスファルト舗装面やコンクリートの建物は放射熱を吸収して蓄積します。さらに建物によって空気の流れすなわち風が妨げられることで暑い空気が流れていかずに停滞します。このように、地表面の材質と形が変わったことがヒートアイランドの一番大きな原因です。

二番目に大きいのは先に書いた人工排熱です。さらに大気汚染も都市の温暖化を促進します。大気汚染によって汚染物質が都市上空に浮遊している状態になると(これをスモッグと呼びます)、スモッグが地球温暖化のところで説明した二酸化炭素やメタンなどと同様の温室効果を示すために都市に温暖化をもたらします。クマゼミが著しく増えたのが西日本の都市であることを考えると、「温暖化を考える」といっても地球規模の温暖化よりもヒートアイランドとの関係に注目する必要がありそうです。

第4章

温暖化をめぐって

なぜ温暖化の問題は難しいか

長い間社会と直接の関わりの薄い自然科学の研究をしてきたわたしは、真実は一つで、研究者の思想や信条などによってそれが左右される余地はないように思っていました。たとえば、わたしはカメムシが日長(一日のうちの明るい時間の長さ)に反応する性質、光周性《こうしゅうせい》の研究を長くしてきました。光周性については、二〇〇〇年に『生きものは昼夜をよむ——光周性のふしぎ』という岩波ジュニア新書を出版しました。その中にも書きましたが、わたしは三〇年以上前に大学院生だったころに、ホソヘリカメムシ(図4-1)が日長に反応する際に複眼で受けた光を情報として使っていることを明らかにしました。複眼、つまり目で受けた光を使うのは、あたりまえのように思えるでしょうが、実はこれは当時一般に受け入れられていた学説とは相容れませんでした。当時は昆虫の光周性においては、光情報を脳が直接受けているとされていました。もちろんそれには裏づけとなる根拠があったので、脳で光を受けている昆虫も確かにいます。しかし、少なくともホソヘリカメムシは脳ではなく複眼で受けた光で日長を知っていることを実験によって明らかにしました。このような場合には、このカメムシが光周性において脳で受けた光を情報として使っているか、複眼で受けた光を使っているのかは、わたしがどんな思想の持ち主であるかには関わりなく実験結果が明らかにしてくれますし、いずれの結果であっても、とくに社会に大きな影響を与えることはありません。そういう場合でも、わたしたちは一般に受け入れられている学説をうのみにしてしまう傾向はあるのですが、基本的には思想信条に左右されないで科学に臨むことができます。

ところが、地球温暖化に関する議論はそう簡単にはいきません。それには二つの理由があります。まず、地球温暖化は実験で再現できるものではありません。地球に相当する惑星を二つ用意して、片方だけで化石燃料をたくさん燃やしてみれば、人間活動による温暖化への影響、そして温暖化の生物への影響がかなり確定的に明らかになると思われます。しかし、もちろんそのような実験は不可能です。そういう意味では、生物の進化も同じことです。長年かかって起こった進化を実験で再現することはできません。そこで、これ

図 4-1　ホソヘリカメムシの雄成虫．細長い体をしていて後脚が発達しているのが特徴．豆類の害虫として知られる

までの科学者たちが明らかにしてきた「進化が起こったと考えないとうまく説明できない事実」にもとづいて、今では「進化が起こった」と考えるのがもっとも信憑性《しんぴょうせい》の高い説と考えられています。したがって、実験で証明できる学説とは異なり、宗教など人間の信念と相反する場合には、なかなか受け入れてもらえません。アメリカ合衆国などでは、キリスト教根本主義の考えをもつ人たちが、現在でも進化の考えを受け入れずに創造論が科学としても正しいという立場で、教育の現場にさえ介入する動きを見せています。一方、温暖化については、宗教よりも経済活動との関係が強く影響します。現在の地球が暖かくなっていることは事実ですが、それが人間活動とくに化石燃料の消費による二酸化炭素の放出にともなうものなのか、起こっている温暖化は地球上の生物にとってどのくらい深刻なものかを考えるときには、それぞれの立場が大きく影響するのです。これから極端な二つの考え方をご紹介しましょう。

温暖化の問題点を誇張する考え

一つは、温暖化のもたらす問題を科学的な根拠にもとづかないで強調する考えです。もちろん温暖化はさまざまな問題を生じさせます。気温や水温の変化が生物に直接及ぼす影響だけではなく、温暖化にともなって表面の海水が膨張《ぼうちょう》すること、陸上にある氷が溶けることによって海水面が上昇し、標高の低いところは水没する可能性がでてきます。南太平洋にあるツバルやキリバスやインド洋のモルディブといった国土全体が海抜数メートルの国では、国土のほとんどが水没する危険性が指摘されています。温暖化の海水面上昇への影響は地域ごとに異なるし、これらの国では水没をもたらす他の要因である海岸の浸食や地盤沈下も起こっているので、どのくらい温暖化が進めば水没するのかの予測は困難ですが、そのような心配があることは間違いありません。日本でも主要な都市は海に近い平野部や、埋め立て地にありますから、温暖化にともなう海水面の上昇は無関係とは言えません。一方で、温暖化という言葉だけが独り歩きして、近年起こったあらゆる現象、とくに悪いことはみな温暖化がもたらしたと考えてしまう人たちがいます。どうやら、わたしたちは同時に起こった現象の間に因果関係があると感じてしまう傾向があるようです。中世には、日本でもヨーロッパでも彗星《すいせい》は飢饉や伝染病、戦乱のもとと考えられていました。縁起かつぎやジンクスなどという言葉があることでもわかるでしょう。

温暖化とは無関係に、常に生物にはさまざまな変化が起こっています。わたしが専門とする昆虫を考えてみましょう。昆虫の多くは一匹の雌《めす》がたくさん卵を産み、一年間の世代数も

図 4-2　チャバネアオカメムシの成虫．果樹の害虫として知られる（写真提供：松本圭司）

多いです。一世代に何年もかかるセミはむしろ例外です。

ねずみ算という言葉があります。正月にネズミのつがいがいて、どんどん子どもを産んで増えるとその年の暮れにはとんでもない数のネズミがいることになるという計算です。江戸時代の算術書である『塵劫記《じんこうき》』に書かれています。実際には多くの昆虫はネズミよりもずっとたくさんの子どもを産みますし、温度などの条件がよければ卵から生殖可能な成虫になるまでの期間も短いです。したがって、多くの昆虫は、条件がよければ恐ろしい速さで増え、計算上は地上がその虫でいっぱいになります。しかし、現実の世界ではそんなことは起こりません。寒さや暑さ、あるいは乾燥で死ぬもの、病気にかかるもの、餌《えさ》が足りなくて飢え死にするもの、捕食者に食べられるものなどがあって、生まれたのと同じくらいの数が死んでいき、一年後には前年とほぼ同じ数に戻るのがふつうです。しかし、これらの虫が増えすぎないようにしているさまざまな要因のちょっとした違いによって、ある年にはとても多くてある年にはとても少ないことが、しばしば起こります。

たとえば、果樹の害虫として知られるチャバネアオカメムシ(図4-2)を同種成虫に誘引するトラップで九年間毎年採集したデータでは(図4-3)、一番多かった年は一番少なかった年の二三倍になります。ヒトに代表されるような、寿命が長くて母親あたりの子の数が少ない動物が、急に増えたり減ったりはしないのとは対照的です。

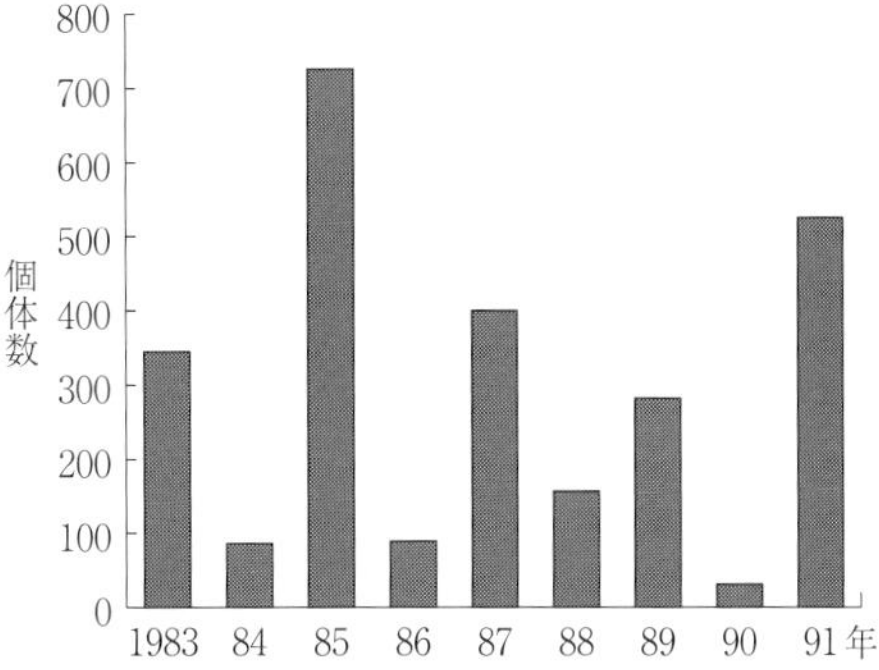

図4-3　チャバネアオカメムシのトラップへの飛来数(出典：守屋成一ら「果樹試報」24：73-90，1993より)

二〇〇九年にテレビ番組の製作で相談を受けた時、番組では「クマゼミ大発生」という表現が使われました。わたしは「大阪のクマゼミの数が膨大であることは事実だが、昆虫の数が前年の数倍になることは珍しくないので、その程度では大発生という言葉は使わない」と言いました。昆虫で大発生と呼ぶ代表的な例はバッタの相変異《そうへんい》によるものです。サバクワタリバッタ(サバクトビバッタ)やトノサマバッタは高密度で成長すると形態や行動が著しく変化します。低密度の状態を孤独相《こどくそう》、高密度の状態を群生相《ぐんせいそう》と呼び、それらに変化する性質のことを相変異と言います。群生相のバッタは群れになって大移動し、周囲のあらゆる緑色の植物を食べつくします。このような状態のバッタを「飛蝗《ひこう》」と呼びます。中国では殷《いん》の時代から記録があり、旧約聖書の「出エジプト記」にも書かれています。しかし、このような場合にはバッタの個体数は、何万倍、何十万倍あるいはもっと増えていると考えられます。わたしは昆虫の大発生をバッタの群生相の出現のような場合を典型と考えているので、クマゼミの個体数が前年よりも数倍になった時に「クマゼミ大発生」と表現するのには、抵抗があります。しかし、一般には生物が前年の数倍に増えるのは大発生と呼ぶそうです。昆虫学者とそれ以外の人の言葉の使い方の違いでしょう。また、条件がよければ著しく増える昆虫の中で移動能力の高いものは、分布も容易に拡大します。第5章では分布の変化した昆虫について紹介しますが、昆虫では数の変動、分布の変化は毎年のように起こっています。温暖化と同時に起こっているわけですから、取り上げ方によっては、みな「温暖化による大発生」、「温暖化による分布の変化」になりうるのです。

東日本大震災とそれに続く福島第一原子力発電所の事故が起こった二〇一一年は例年よりもセミの鳴き始めが少し遅れました。七月一八日に、中国の上海モーニングポストという新聞社から、「日本では今年はセミの鳴き声がほとんど聞かれず、それは大地震の予兆、あるいは原子力発電所の事故による放射能の影響か？」という記述がインターネット上で見られるが、どう思うかと尋ねられました。思い出してみると確かに阪神・淡路大震災の前年であった一九九四年はセミの発生量が少ない年であり、翌年はセミの多い年でした。しかし、大きな地震はめったに起こらないので、進化の過程でセミが大地震を予知する能力を獲得し維持してきたというのは、ありそうにないことです。さらに、仮にセミの幼虫に地震を予知するしくみが備わっていたとしても、長い年数をかけて成長し成虫になれる大きさにまで育った幼虫が、「地震の起こる前年に羽化すること」を避けるために成虫になるのを一年延期することに大きな利益があるとも考えにくいです。もちろん、実験で証明できることではないので完全に否定することはできませんが、これまでわたしが学んできた知識からは、考えられません。

また、不幸にも福島第一原子力発電所の周囲に放射性物質が放出されたことは事実ですが、それが日本中の地中にいるセミの幼虫に影響して死滅させるか、あるいは成虫になるのを延期させたという可能性もあり得ないと言えます。実際、この年はセミの数が多い年ではありませんでしたが、新聞社からの取材を受けたころにはすでに出現して鳴いていました。同時に起こった現象の間に因果関係があることを期待してしまう気持ちが、わたしたちの心の中にあるのか、このように温暖化との関係以外でも、同時に起こった現象の間に因果関係があると短絡的に結論されることがよくあります。

社会的影響のない個人的なことなら、君たちが「この道を通って学校に行ったら試験でいい成績だった、あるいはスポーツの試合に勝ったから、また同じ道を通って行こう」と考えても別にかまわないと思います。わたしは縁起かつぎを決してしませんが、効果を信じる人には精神的に好影響を与え、よい結果をもたらすかもしれません。しかし、こと科学に関わると、根拠のない因果関係の推定をしてはいけません。わたしがこれまでに読んだ論文にも、ある地域における数十年前と最近の昆虫の性質を比較して、その違いを温暖化のせいにしたものがありました。しかし、同じ時代に何カ所かで調べたら、場所ごとの違いが、同じ場所での数十年前と最近の違いと同じくらい違っていたかもしれません。つまり、自然に存在するばらつきの範囲だったかもしれません。また、温暖化が起こらなくても昆虫の分布や個体数だけではなく、さまざまな性質も変動している可能性があります。安易に温暖化のせいにするのは考えものです。

もっと身近な例で考えてみましょう。わたしが学生だったころは、みなシャツをジーパンの中に入れていました。今の若い人はそんなことはしないようです。シャツはジーンズ（ジーパンはジーンズとなり、このごろはもともと生地の名称であるデニムと呼ぶ人も多い）の外に出します。わたしの息子たちが高校生だったころ、妻が息子たちに「だらしない、シャツをズボンの中に入れなさい」といって、息子たちから「そんなやつおらん」と言い返されていました。わたしは温暖化と同時に起こったことを何でも温暖化のせいにする風潮に反発して、「君たちがシャツをズボンの外に出すのは温暖化のせいですか？」と若者たちに問いかけています。確かにシャツを中に入れるよりも外に出した方が、空気の流れができて汗が蒸発しやすいので、少しは涼しいでしょう。でも、これは温暖化に対応して衣服の着方が変わったのではなくて、ファッションのセンスが変わったと考える方がよさそうです。このような話をすると、それは極端な例だと思うでしょう。しかし、いろいろ見ていくとこれと変わらないレベルのことがたくさんあります。

温暖化の問題はないという考え

一方で「現在の温暖化はまったく問題ではない」という考えもあります。さらに極端な意見は「温暖化は起こっていない、現在の地球は寒冷化に向かっている」というものです。確かに現在は間氷期で、いずれまた氷期になることは間違いないでしょう。そして、すでに地球の寒冷化が始まっており、やがて次の氷期が来るという主張は一九七〇年代に見られましたが、現在では地球が温暖化していることは間違いないと考えられています。

次に、ある程度の温暖化が起こっていることを認めるが、それは問題ではない、もしくは逆に好ましいことと考える立場です。この考えの一つの根拠は、地球は過去に何度も温暖化と寒冷化を繰り返してきており、現在の程度の温度は地球史では何度も見られた範囲内だということです。実際に縄文時代は今より暖かかったと言われています。さらに、より温暖になった方が農業に好適な地域が広くなり、農業生産が高くなるという考えもあります。また、この立場の人たちは、温暖化をもたらしていると考えられる空気中の高い二酸化炭素濃度も、植物の光合成を促進し農業生産を高めると考えます。これらの理由で、現実に起こっている程度の温暖化は悪いことではない、二酸化炭素排出量を規制する必要はないと主張している人たちがいます。

しかし、これは地球史で自然に見られたゆっくりとした変化と、人為的な原因による急速な温暖化を同等に議論していて科学的ではありません。確かに縄文時代は暖かかったのですが、現在と同じ程度の気温であったと考えられている約一万年前から縄文時代のもっとも暖

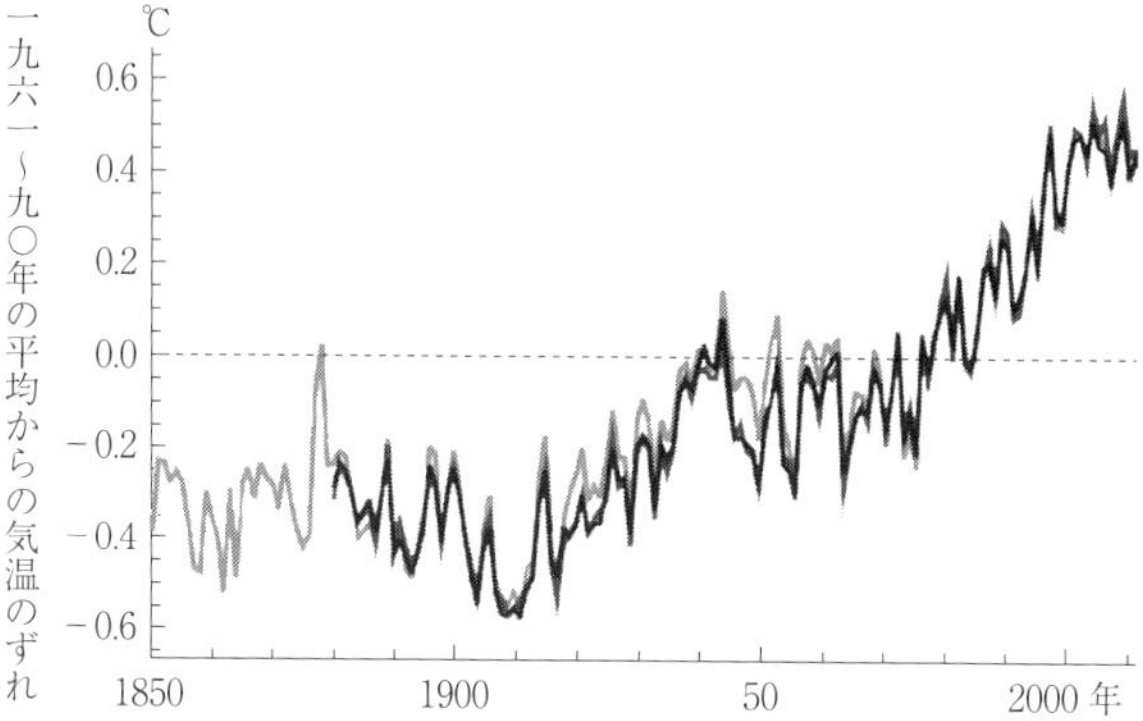

図4-4　1850年から2012年に観測された世界平均地上気温の変化（出典：『IPCC第五次評価報告書』）
（注）線の濃度の違いは使用している観測データの違い

かかった思われる約六〇〇〇年前まで、四〇〇〇年かけて二度くらい温暖化が進みました。温暖化は一定の速さで進んだわけではありませんが、平均すると一度上昇するのに二〇〇〇年もかかった計算です。国際連合は一九八八年に「気候変動に関する政府間パネル（IPCC）」を設立しました。IPCCは各国の専門家が地球温暖化に関する最新の知見を評価し対策を検討する国際的な機関です。現在の温暖化は、過去一〇〇年間に一度くらい上昇しており、とりわけ一九五一年から二〇一二年の上昇を一〇〇年あたりにすると一・二度の上昇に匹敵します（図4-4）。IPCCはこれからの一〇〇年間にさらに一度から三・七度の範囲で上昇すると予測しています。IPCCの予測の最悪のケースでは、かつて人間が経験したことがないような温暖な気候になります。そしてこれは二酸化炭素排出量と密接な関係があると指摘されています。農業生産にしても、温暖化が進むと確かに現在は寒冷で農業に適さない地域で農業が可能になるかもしれませんが、海水面の上昇により耕作地が失われたり、水の分布が変わって乾燥地域が広がったり、作物に高温障害が見られたりして、地球全体で見れば農業生産は低下するという見方が一般的です。他に、マラリアなど熱帯地域に多い感染症が拡大することも予想されます。二〇一五年に世界銀行は、このまま温暖化が進むと農業生産の減少や感染症の広がり、洪水などの気象災害によって、現在世界で約七億人いる貧困層が二〇三〇年までに一億人以上増える可能性があることを指摘しました。

また、温暖化が化石燃料の燃焼による二酸化炭素濃度の上昇によるという考えに反対する側の一つの根拠は、温暖化を強調する側がデータを捏造《ねつぞう》したという指摘です。発端は、一九九八年にマンらアメリカ合衆国の三人の気候学者が、温度計による気温の記録のない時代の気温を木の年輪の情報をもとに推定して、過去六〇〇年の北半球の平均気温の変化を『ネイチャー』に発表したことです。さらに一九九九年にはマンらは四〇〇年分のデータを加えました。つまり過去一〇〇〇年分の結果がグラフになりました。そのグラフの形は、一九〇〇年以降の急激な気温の上昇を見事に示しており、まるで寝かせたホッケースティックのよう

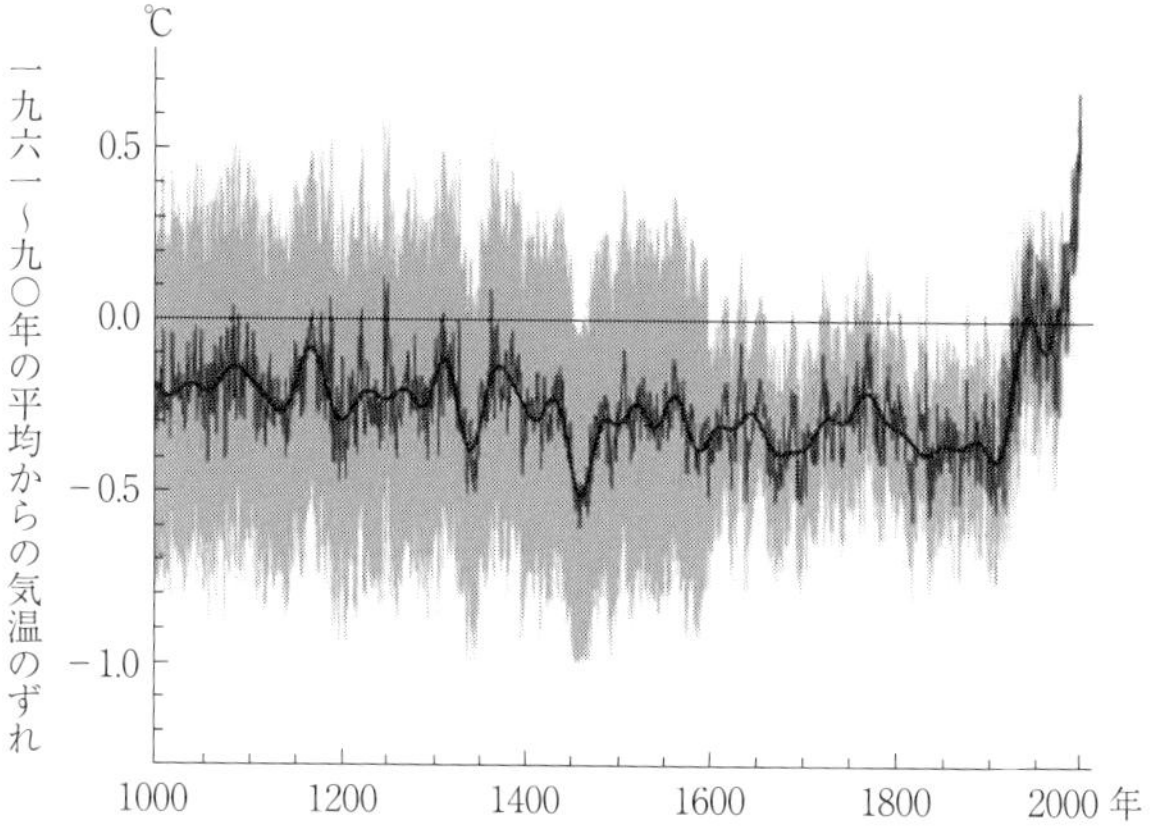

図 4-5　過去 1000 年間の北半球の平均気温の推移
（出典：『IPCC 第三次評価報告書』）

でした（図4-5）。マンらの示した「ホッケースティック曲線」は二〇〇一年に発表されたＩＰＣＣの第三次評価報告書に採用され、化石燃料の燃焼による二酸化炭素濃度の上昇が近年の地球温暖化の原因であることを強く示す結果として受け入れられていきました。ところが、二〇〇九年にイギリスのイースト・アングリア大学の気候研究ユニットのサーバーが、不正なサイバー攻撃を受け電子メールや文書ファイルが流出した事件によって、上記のホッケースティック曲線が故意にデータを操作したものだという批判を浴びるようになりました。流出したメールにはデータを改竄《かいざん》したともとれる表現があったり、人間活動による温暖化を認めない立場の人たちを侮辱《ぶじょく》するような言葉遣いも見られました。これをもとに人間活動による温暖化を認めない立場の人たちは、「人為的温暖化は起こっていない」と主張して、これをアメリカ合衆国で一九七二年に起こった大統領による盗聴事件である「ウォーターゲート事件」になぞらえて、「クライメートゲート事件」と呼びました。

温暖化をめぐる複雑な背景

このような極端な考えは、どちらも適切ではないのですが、どうしてそのような意見が出てくるのでしょうか。おそらく、それは双方に利害が関係しているからです。人間の経済活動の自由度をどのくらい認めるかについて異なる考え方が大まかに二つあります。一方は個人や会社が経済的利益を追求する活動は自由に任せようという考えです。経済的利益を追求する、すなわちお金を儲けるために個人や会社がいろいろと工夫したり勤勉に働いたりすることで競争になり、その結果として人間生活が豊かになっていくという考えです。しかし、経済的利益を追求することをまったくの自由競争に任せると、会社の経営者は働いている人たちの幸福を考えずに利益を追求し、会社間の競争の中で独占企業や財閥《ざいばつ》が幅を利かせ、結果として富の集中した一部の人だけが得をして社会的弱者にしわ寄せがいくことになります。

その一つの例として、日本が高度成長を達成した時期に、公害を生み出したことがあげられます。社会的弱者にしわ寄せがいかないようにするために、労働基本権や環境権の確立、独占禁止法による規制、社会福祉の充実などが必要となってきました。

そこで自由競争よりも平等や公平を重視して、国が個人や会社の活動に規制をかけて調整するべきという考えが生まれます。代表的な例として、二〇世紀にはソビエト連邦(ソ連)などの社会主義国家がありました。これらの国は、鉱工業から農業に至る生産手段を国有化して、国が計画的に経済を統制しました。ソ連は一九一七年の革命から長く社会主義国家として存続していましたが、結果として競争のないところに効率は生まれず、一九九一年に崩壊して、ロシア、ウクライナ、カザフスタンなどの国々に分かれてしまいました。わたし自身も一九九〇年にソ連の終わりの時期にしばらく滞在して、崩壊寸前の社会を目の当たりにしました。現在では、日本も含めて多くの国々は、自由競争を原則として国による規制を取り入れています。わたしは経済の専門家ではないので、ここでは単純化した考えを示していますが、温暖化に関して考えるにはこのような背景が重要な意味をもっています。

わたしが関わってきたような、社会と直接の関係の薄い自然科学において真実は何かと考える際に、経済に関する考え方は影響しません。しかし、温暖化問題を考える際には、経済に関する考え方が大きく影響します。一般に個人や会社が利益を追求する活動は、エネルギーの消費をともないます。すなわち、化石燃料の燃焼が不可避です。二酸化炭素の排出量を減らすために化石燃料の消費に制限がかかると、自由競争を重視する考えで経済活動を進めることに歯止めがかかります。ですから、この立場の人たちは、温暖化は起こっていない、あるいは大きな問題ではないと考えたいのです。一方で、自由な経済活動によって温暖化が進むことは人々の生活に悪影響がおよぶので、国あるいはそれ以上の国際的なレベルで強く規制して欲しいという考えもあります。そのためには温暖化の問題点を強調する方が都合がよいのです。また、温暖化の問題を強調する立場で発言する方が、何となく時流に乗っていて進歩的な印象があるのでマスコミ等で報道されやすい、あるいは学者の場合、温暖化の問題を強調する立場の方がそれに関係した研究費が得やすいという事情もあるように思います。

さらに温暖化についての議論を複雑にしているのは、原子力発電の問題です。原子力発電は電力を供給しますが、基本的には二酸化炭素の排出量を増加させません。発電のコストにどこまで含めるのかにもよるでしょうが(つまり事故が起こった時の対応に必要な費用まで含めると原子力発電のコストは膨大なものになる)、電力会社の発表によると原子力発電のコストが一番低いことになっています。一方、さまざまな発電方法の中でも石油が一番コストがかかることに加えて、化石燃料には炭素や水素以外の成分が含まれているので、燃焼させると二酸化炭素と水蒸気に加えて窒素や硫黄の酸化物、あるいはそれらが反応して光化学スモッグを生じることにより大気汚染を引き起こします。原子力発電は二酸化炭素の排出や大気汚染という観点からはクリーンなエネルギー供給と言えます。もちろんすべてにおいてクリーンなわけではありません。高温の水を大量に排出しますから、海水の温度を上げて海洋生物に影響を与える可能性があります。

しかし、それ以上に問題なのは原子力発電のために原子炉でウランなどの核燃料を核分裂させた結果できる放射性廃棄物のうちで強い放射能をもつもの(高レベル放射性廃棄物)は、処理して無害にすることができないことです。高レベル放射性廃棄物は、岩盤が頑丈な地下深くに数万年埋めておくしかありません。世界各国で処分の方法と時期が検討されており、アメリカ合衆国では実際に高レベル放射性廃棄物を地下に搬入したこともあります。

したがって、原子力発電所が稼働している間は、何ら事故が起こらなくても厄介《やっかい》な廃棄物を作り続けていることになります。さらに、どんなに安全を期していても事故というものは起こります。有名なものだけでも一九七九年のアメリカ合衆国のスリーマイル島での原子力発電所事故、一九八六年のソ連のチェルノブイリ原子力発電所事故、そして二〇一一年に福島第一原子力発電所で起こった事故があります。また、発電所で起こったものではありませんが、一九九五年の福井県敦賀市の高速増殖炉「もんじゅ」の火災事故、一九九九年の東海村JCO臨界事故があります。主な原因はそれぞれ異なりますが、安全を期していても絶対に事故が起こらない保証はなく、また一旦《いったん》事故が起こったときの被害が恐ろしく悲惨なものであることは、これらの経験からもわかります。福島の事故以前は、温暖化の問題を強調し、二酸化炭素の排出制限を進める立場から原子力発電を推奨する声もありました。わが国では火力や水力など他の発電方法と比較して原子力発電のコストが低いことも推し進める要因でした。しかし、いざ事故が起こったときの悲惨さは、事故が起こらないで日常的に運転しているときの利点との間で損得を勘定できるものではありません。福島の事故以後この原子力発電の問題が明らかになってきたので、さらに温暖化についての解決策を考えていくのが難しくなりました。

わたしの考え

わたしは現在、地球規模で過去に見られないような急速な温暖化が起こっていることは事実だと思います。そして、その原因として化石燃料の燃焼などの人間活動が大きいことも間違いないと思います。先に書いた「ホッケースティック曲線」に関しても、その後イギリス下院が行った調査や、他の学者が行ったデータの再分析によって、マンらの研究にデータの捏造はなかったとされています。二〇〇七年に発表されたＩＰＣＣの第四次評価報告書にはマンらの曲線は掲載されていませんが、その理由は、過去の気温は推定方法等によって異なり、とくに中世の推定値にばらつきがあったからだそうです。しかし、いずれの推定でも二〇世紀半ば以降の温暖化が著しいものであったことは間違いなく、この温暖化のほとんどは人間活動による温室効果ガス濃度の上昇による可能性が非常に高い(確率九〇パーセント以上)とされています。

二〇一三～一四年に発表された第五次評価報告書では、さらに「可能性がきわめて高い(確率九五パーセント以上)」と表現がますます確定的なものへと進んでいます。わたしはこのＩＰＣＣ第五次評価報告書に書かれている、「温暖化には疑う余地がない」そして「二〇世紀半ば以降の温暖化の主な要因は人間の影響である可能性がきわめて高い」という立場を支持します。これは実験によって証明できる内容ではないことは先にも述べましたし、わたしは昆虫の研究をしているだけで、気象学など温暖化の専門家ではないので、一〇〇パーセント断言することはできません。しかし、これまでに発表されている地球上の気温の変動に関するデータや、化石燃料の消費とそれにともなう空気中の二酸化炭素濃度の上昇などのデータから考えると、このように考えるのがもっとも信憑性が高いと思います。そして、このままにしておくと大きな問題をもたらすことも間違いないと考えています。確かに地球はこれまでも温暖化と寒冷化を繰り返してきており、現在は過去に地球上に例がないほどの高温ではありませんが、人間が経験したことがないくらいの高温に向かって過去にない速さで温暖化が進んでいると考えられ、しかもその原因はわたしたち人間の活動によるところが大きいのです。

この急速な温暖化が地球上の生物に与える影響は、とても大きいものです。したがって、この状況を作り出したわたしたち人間が、温暖化の速度を緩和するような努力をするべきだと考えます。そのためには、二酸化炭素排出量を増やさない方法でエネルギーを獲得していくことが望まれます。世界の人口は一九〇〇年からこれまでに四倍以上に増えていますから、仮に一人あたりのエネルギー消費を同じレベルに戻すとしても全体としては四倍以上エネルギーを消費し続ける、すなわち化石燃料を燃やし続けることになります。

また、化石燃料を燃やす代わりに原子力発電によるエネルギー獲得を将来も続けていく、あるいはさらに増やしていくことに大きな問題があることはすでに書きました。すると許されるエネルギー獲得方法は、化石燃料や原子燃料などの地下資源を利用せず、太陽光、風力、地熱など再生可能エネルギーを利用するものになりますが、太陽光や風力発電は天候の影響を受けて安定した電力供給ができない、地熱発電所に適した場所は限られている上、建設に時間がかかるなど、それぞれに課題があり、一朝一夕にはそちらに全面的に移行することは不可能です。

一方で再生可能エネルギーの利用が増えています。二〇一五年の世界の風力発電施設の発電能力が原子力発電によるものを超えたことが報道されました。しかし、まだとうてい化石燃料や原子燃料に頼らずにやっていけるレベルには達していません。電力会社に勤めている友人は「原子力発電所を再稼働するべきでないという気持ちもわかるが、だからといって電気代は値上げはするなとも言われると困る」と言います。原子力発電所を再稼働せずに化石燃料の消費量を減らすには、エネルギー消費自体を節約するしかありません。しかし、わたしたちには一〇〇年前のエネルギー消費の生活に戻る覚悟はないでしょう。

内閣府の消費動向調査によると、日本の一般世帯(二人以上の世帯)における家庭用エアコン(ルームクーラー)の普及率は、一九六〇年代、すなわちわたしが子どものころはほぼゼロでしたが、二〇〇〇年以降はほぼ九〇パーセントです。現在は、北海道や高地の寒冷な地域を除くと、ほとんどすべての家庭にエアコンがあると言ってよいでしょう。一般財団法人日本自動車検査登録情報協会によると、日本の乗用車保有台数は一九六六年におよそ二三〇万台だったのが、二〇一四年には六〇〇〇万台を超えました。このような経緯を考えると、一〇〇年前どころか五〇年前の生活に戻るのも、その当時の生活を知っているわたしたちでさえなかなかつらいことです。まして生まれた時からエアコンも乗用車もある生活をしてきた若い人たちには、とうていできないことだと思います。そうなると、危険な原子力発電をしばらくは継続していくのか(福島の事故以降日本ではすべての原子力発電所が運転を停止していましたが、二〇一五年に九州電力の川内《せんだい》原子力発電所が運転を再開し、運転停止中の多くの原子力発電所が再開に向けて審査中です)、二酸化炭素排出の削減を遅らせてその間の温暖化には目をつむるのか、電力消費を思い切って減らして生活の質を低下させるのか、いずれにしても何らかの危険性や負担をともなうことを選択せざるを得ませんし、どれか一つだけで解決することも難しいでしょう。したがって、科学的に事態を分析して将来を予測し、今考えられる中でもっとも適切な妥協点を見出していくしかないでしょう。言葉を変えると、正解はなくとも「よりましな答え」を選ぶということです。

これを書いているうちに、少し明るいニュースが飛び込んできました。環境省によると二〇一四年度の日本の温室効果ガスの総排出量は前年度と比べて三パーセント減少しました。二〇一四年度には日本で原子力発電所は一切稼働していませんし、国内総生産(GDP)はほとんど変わっていません。したがって、原子力発電の力を借りず、経済規模を極端に縮小しなくても、省エネの普及や再生可能エネルギーの導入を進めることで、ある程度は温暖化を軽減できることがわかりました。

先にも述べましたが、わたしが小学校から大学卒業までの一九六〇年代、七〇年代には、日本は高度成長のひずみで公害に満ちあふれていました。有名なイタイイタイ病や水俣病、四日市ぜんそくの話はテレビや新聞で知っていただけですが、わたし自身もいくらか公害を経験しています。わたしが育った地域は大阪空港が近かったので、ジェット機の騒音はすさまじいものでした。また、阪急宝塚線の電車が大阪市と豊中市の境界にある神崎川に架かる鉄橋を渡る時には強い刺激臭がしたものでした。さらに高校時代、屋外の運動場で行う体育の授業は、光化学スモッグの発生でしばしば中止になりました。当時ある友人は、「こんな悲惨な状況を作り出してしまった人間には未来はないから、ぼくは結婚もしないし子どももつくらない」と言っていました。それを聞いてわたしは、太平洋戦争に負けて日本の主要都市は焼け野原になり、それまで信じていた価値観が一〇〇パーセント否定された時に、わたしたちの両親がそう考えて子どもをつくらなかったら、わたしたちは生まれてこなかったはずで、果たしてその方がよかったのだろうかと考えました。そして、この友人の考えは、後から来る人たちの能力をあまりにも信頼していないように思いました。

実際、現在でも世界中から公害問題がなくなったわけではないですが、少なくともわたしの周囲は当時のようなひどい状況ではなくなりました。これからも、人類の叡智《えいち》を絞って温暖化の問題を解決していくべきだし、きっとそうなるとわたしは期待しています。すぐに抜本的な解決策が見つからなくても、当面は科学的な考え方に基づいて、「よりましな答え」を選んでいくうちに、もっと決定的な解決方法が見つかるかも知れません。わたしはこれから来る人たちを信じています。

この本を執筆している間にCOP《コップ》21が開催され「パリ協定」が採択されました。この協定では、発展途上国も含めたすべての国に温室効果ガスの排出量の削減目標を提出し、対策を進めることが義務づけられました。一九九七年の「京都議定書」では、先進国だけが数値目標を示して削減することを約束していました。なぜ先進国だけだったのでしょうか。その理由は、先に化石燃料を消費して産業発展をしてきた先進国に対して、これまで化石燃料の消費量が少なかった発展途上国が、「これから産業を発展させるために消費量を増やすのに、先進国と同様の制限を加えると、経済発展が阻害されて不公平になる」と主張したからでした。核拡散防止条約で、先に核兵器を作った五カ国以外の核兵器の保有を禁じたのと同じような不公平感を、発展途上国の側が感じたのも無理ありません。そして、すでに温室効果ガスの排出量が多かった中国やインドは発展途上国とみなされて削減の対象外でした。また、アメリカ合衆国は、おそらくは産業界からの圧力によって、京都議定書の批准を拒否していました。それに対して一八年後のパリ協定では、これらの国をすべて含めて温室効果ガスの排出量の削減が約束されました。これが達成されると二一世紀後半には温室効果ガスの人為的排出量と吸収量がプラスマイナスゼロになり、地球の気温上昇は産業革命前に対してプラス一・五度に抑えられるはずです。発展途上国の不満を抑えるために先進国からの資金提供や、温暖化によって大きな損失を受ける国への支援などが盛り込まれていることも合意に至った理由の一つでしょうが、世界中で近年の人為的温暖化に対する理解が深まり、危機感が共有されるようになったことが一番大きいのではないでしょうか。少し未来が明るくなったように思います。

第5章

温暖化と昆虫の変化

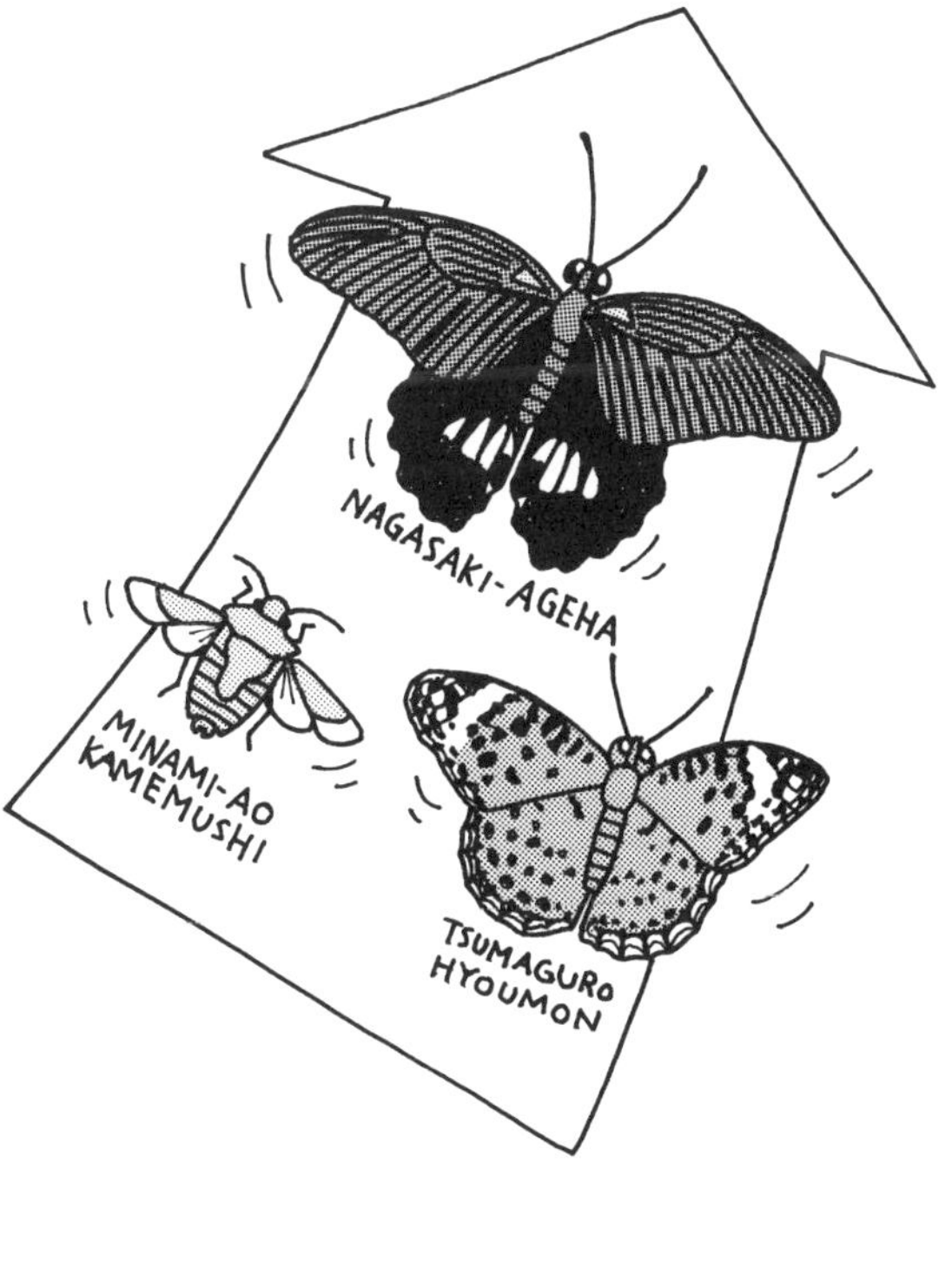

温暖化が昆虫に与える影響

温暖化が起こったらいったい何が困るのでしょうか。温度は生物にとって重要な環境要因なので、温暖化は生息しているあらゆる生物に影響し、それらから構成される生態系にも大きな影響がおよぶと考えられます。生態系とは、ある地域にすむすべての生物とその地域内の非生物的環境をひとまとめにしてとらえたもので、生産者(光合成によって有機物を生産する緑色植物)、消費者(生産者や他の消費者を食べて有機物を得る動物)、分解者(死んだ生物などの有機物を分解する菌類やバクテリア)、および生物以外の環境から構成されます。消費者はさらに一次消費者(草食動物)、二次消費者(肉食動物)などに分けられます。

生態系の中では、物質循環やエネルギーの流れが絶えず起こっており、通常は安定した系として存在しています。そして、生産者、消費者、分解者それぞれの中にさまざまな種《しゅ》が存在することが、全体の生産量を増加させたり、環境の変動に対して系を安定化させたりしています。わたしたちヒトも、昆虫も消費者として生態系の一員です。生態系を構成する生物は、それぞれ、どのくらい暑さや寒さに耐えられるか、どのくらいの温度範囲で活動できるかなどが決まっており、自分に適した環境で生活しています。さらに、それらの生物と環境との関係だけではなく、生物同士の相互作用も、バランスのとれた生態系が維持されるために重要です。このように、生態系は複雑なので、温暖化の生態系への影響は予測が難しいのです。

ここでは昆虫に絞って考えてみましょう。温暖化が昆虫に与える影響として以下のようなことが考えられます。まず地理的な分布の変化です。一般的には、温暖化が進むと、より低緯度地方の(北半球では南の)昆虫が高緯度地方へ(北半球では北へ)と分布を変えていくと考えられます。これについては次の節で、具体例をあげて説明します。

次に、温暖化によって冬の寒さで死ぬ昆虫が減ることです。季節変化のあるところでは、ふつうは冬に死ぬ昆虫がもっとも多いのです。冬の寒さが緩和されると冬を越すことができる割合が高くなり、結果として個体数の増加が期待されます。三番目に増殖率が変化します。昆虫は体温が環境温度とほぼ等しい変温動物で、温度が高いほど発育が速くなりますから、一般には温暖化は昆虫の増殖率を向上させますが、ある程度以上に高い温度になると逆に高温による障害も起こるので、温暖化は増殖率を高めるばかりとは限りません。さらに増殖率とも関係しますが、温暖化により年間世代数が多くなる場合もあります。その他、餌《えさ》となる植物や動物、天敵となる動物との関係、餌や場所をめぐる別の昆虫との競争という観点から見ると、季節ごとに他の生物と活動が同調しているかどうかが変化します。

過去にも地球は温暖化や寒冷化を繰り返してきたので、先にも述べたようにその変化に応じて生物は分布域を変化させたり、あるいはより暖かいあるいは寒い気候に適したように自分の性質を進化させたりしながら新しい環境に適応してきたと考えられます。わたしたちは、いつも挨拶のように「今日は特別暑いですね」とか「昨日の晩から急に冷えましたね」とか言いながら暮らしています。「今年の夏は去年よりも暑かった」とか、旅行をすると「ここはわたしの住む町よりも寒い」などとも言います。ですから温暖化の問題を考える時にも、ついついヒト(ホモ・サピエンス)という動物の感覚で考えがちです。しかし、わたしたちヒトはアフリカの温暖で安定した気候のところで進化したにもかかわらず、急速にさまざまな気候のところに分布を広げました。実際に世界中のヒトの遺伝子がどのくらい違うのかを調べても、チンパンジーの中での違いよりも少ないそうです。ヒトが全世界に七〇億人以上いるのに対して、チンパンジーは今もアフリカに留まり、個体数も数十万程度であることからすると、ヒトの遺伝的変異の少なさは驚くべきことです。

すなわち、ヒトは遺伝子レベルで大きく性質を変えることなしに世界中のさまざまな気候のもとで生活できるようになった稀有な種と言えます。それには衣服を着るようになった、風雨を防ぎ暑さ寒さから守ってくれる住居を作るようになった、火を使用するようになったなど、たくさんの理由があると思います。昆虫も世界中に分布しますが、ヒトのように気候の異なる地域に同じ種が広く分布する例はありません。また、同じ種であっても気候の違うところのものは遺伝的に大きく異なるのがふつうです。したがって、昆虫にとって温暖化は、ヒトの感覚で考える以上に深刻なものです。

それぞれの土地の気候に適した昆虫が生息しているならば、温暖化が起こってもそれぞれの分布をより涼しい側、つまり高緯度側にずらすだけで維持できるようにも思えます。南から北へと緯度に沿った分布をしている昆虫ならば、そのようなこともあるでしょうが、たとえば温暖な地域にある涼しい山の上にいるような昆虫はどうなるでしょうか。温暖化が起こる前の気候と近いような涼しい山は、暑い平地を隔てたところにしかないので、よほど移動能力の高い昆虫以外は絶滅するしかありません。

さらに、現在起こっている温暖化は過去にはないくらい急激なものです。このような場合には、ゆっくりとした温暖化や寒冷化が起こった場合とは違う問題が生じます。昆虫は一年に何世代も繰り返し、ある程度移動能力が高いものが多いのですが、樹木は、一世代に要する時間が長くて移動できないため分布の変化に時間がかかります。ある気候に適した樹木とそれを餌とする昆虫、あるいはその花粉を媒介《ばいかい》する昆虫がいたとします。温暖化が進むと、この昆虫にとって好適な地域はより高緯度へとずれていきます。したがって昆虫だけを考えると分布域を変えることが可能であり、また生存のためには分布域の移動が必要ですが、樹木の方は同じ速さで分布域を変えることはできません。したがって、急速な温暖化によって樹木が環境に適さないことになって枯れてしまう恐れもあるし、もし樹木が生きのびても昆虫と樹木の分布域がずれてしまうことになります。温暖化が昆虫とその餌植物におよぼす影響についての、イギリスのデュワーとワットによる研究を紹介しましょう。

イギリスにいるナミスジフユナミシャクというガは、卵で休眠に入って冬を越し、餌である針葉樹のシトカトウヒが春先に新芽を出す時期にあわせて一齢幼虫《いちれいようちゅう》が孵化《ふか》します。休眠とは昆虫自身が生理的なしくみによって成長や生殖を一時停止させるもので、休眠していない状態よりも低温や高温、乾燥など厳しい環境条件に耐えられるのがふつうです。温帯から寒帯にすむ多くの昆虫は休眠に入って冬を越しますが、休眠に入る発達段階は種によって決まっています。ナミスジフユナミシャクの一齢幼虫は軟らかい新芽しか食べられません。このガの幼虫が孵化する時期を決めているしくみは、植物が新芽を出す時期を決めているしくみとは異なりますが、新芽がある時期に合わせて孵化するように長い年月をかけて進化してきたと考えられます。イギリスにおいて気温が二度暖かくなった場合を考えた場合、一齢幼虫の出現時期は二〇日早くなるのに対して新芽の出現時期にはさほど影響はなく、結果として一齢幼虫は新芽を食べられなくなるという計算結果が示されました。

ふつうに考えると、冷涼な地域に分布する昆虫ほど温暖化の影響を強く受けそうですが、温暖化は年中温暖な熱帯地域に分布している昆虫には影響しないのでしょうか。温暖な地域が広くなるわけですから、このような昆虫に温暖化は有利なのでしょうか。アメリカ合衆国のドイチュらの研究グループが、熱帯と温帯にいる昆虫がどのような範囲の温度に耐えられるか、温度と発育速度の関係などから、さまざまな温度のもとでどのくらい子孫を残せるかを計算しました。その結果、現在温帯にすんでいる昆虫は、耐えられる温度の範囲が広く、もっとも多く子孫を残せる最適温度は現在生息しているところの環境温度よりも高いことがわかりました。

一方、現在熱帯にすんでいる昆虫は、耐えられる温度の範囲が狭く、現在生息しているところの環境温度が最適温度に近いことがわかりました。したがって、今後温暖化が進む中で、これらの昆虫の温度に対する性質が変化せず、また移動もないと仮定すると、温帯の昆虫はより多く子孫を残せるようになるのに対して、熱帯の昆虫の残せる子孫の数は減るという予測になりました。すなわち、温暖化は必ずしも暑いところにいる昆虫に有利なわけではないことがわかりました。熱帯は温度変化が小さく、そこにすむ昆虫は限られた範囲の温度でのみうまく子孫を残せるように進化しているために、環境温度の変化に弱いのかも知れません。

温暖化による分布の変化

温暖化にともない、本来熱帯や亜熱帯などの暖かい地域にすんでいた昆虫が分布を北に広げていることがよく報道されています。ここでいう温暖化には地球規模の温暖化と都市のヒートアイランドの両方が含まれると考えてください。以前にわたし自身が研究していたミナミアオカメムシが代表的な例です。

一九六〇年代にこのカメムシを研究していた桐谷圭治さん(農業環境技術研究所名誉研究員)らによると、和歌山県南部や高知県、宮崎県などの暖かい地方にはミナミアオカメムシがいましたが、大阪や京都など、より北の地域にはよく似たアオクサカメムシだけが見られ、ミナミアオカメムシはいませんでした(図5-1)。近畿地方ではこの二種の分布の境界は、和歌山県の有田市付近でした。どちらも五角形に近い一般的なカメムシの形をしていて全体が緑色なので、ちょっと見ただけではこれら二種の違いはわかりません。よく見ると全体にほっそりした感じがミナミアオカメムシ、がっちりした感じがアオクサカメムシです。もう少しはっきり違うのが翅《はね》を広げた時に見える腹部背面の色で、緑がミナミアオカメムシ、黒がアオクサカメムシです。そして、昆虫の分類の際に重要な指標となる交尾器の形も違います。ちょうどそのころ小学生だったわたしは、豊中の草むらでバッタやキリギリスの仲間を採っていた時に、緑色をしたカメムシを触って臭いを出された記憶があります。わたしは他の多くの昆虫学者たちのように自分が研究対象としている昆虫を子どものころから好きだったわけではありません。その時はほかの人と同様に「くさい！」と感じて手を放しました。その当時、よく似たミナミアオカメムシとアオクサカメムシを区別できたわけではありませんが、場所から考えるとアオクサカメムシであったに違いありません。

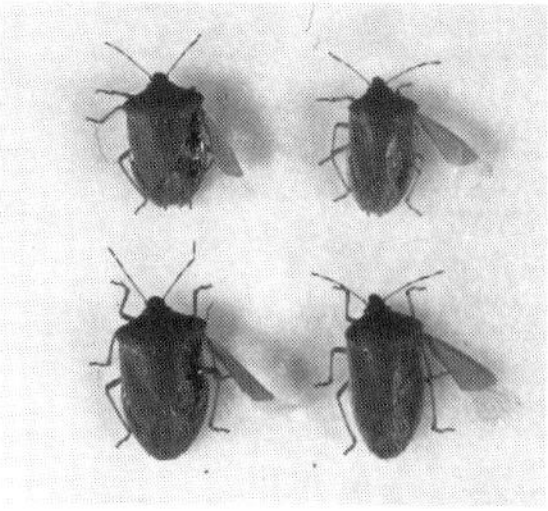

図5-1　アオクサカメムシ(左)とミナミアオカメムシ(右)，上が雄で下が雌

　ところで、長い間カメムシの研究をしていてもその臭いがとくに好きにはなりませんでしたが、長く研究しているうちに今ではカメムシの臭いが平気になりました。ラオス

には、カメムシの臭いが好きで、生で食べる人たちがいるそうですが(野中健一『虫食む人々の暮らし』/NHKブックス)、わたしはまだその域には達していません。

さて、なぜミナミアオカメムシとアオクサカメムシの分布が有田市付近を境に分かれていたのでしょうか。これについて当時、桐谷さんらが推測しています。ミナミアオカメムシとアオクサカメムシを比較すると、いくつかの理由でミナミアオカメムシの方がよく増えます。どちらのカメムシも成虫が休眠に入って冬を越しますが、ミナミアオカメムシは暖かい和歌山県南部では年間三世代繰り返すのに対して、アオクサカメムシは夏にも休眠するために年間二世代です。一回あたりの産卵数もミナミアオカメムシは七五~一〇〇であるのに対してアオクサカメムシは六〇~六五です。幼虫が餌として食べる植物の種類もミナミアオカメムシの方が多いのです。そのため両者が生存できて競争しあう環境ではミナミアオカメムシの方がたくさん増えると考えられます。

一方で、ミナミアオカメムシは熱帯起源のために、休眠に入っても冬の厳しい寒さに耐えられません。そのためにミナミアオカメムシは平地では有田市より北に分布を広げられず、それより南でも山間部には定着することができなかったと桐谷さんらは考えました。そして、当時ミナミアオカメムシが分布していた地域の気象データを分析して、月別平均気温のもっとも低い一月の平均気温が五度以上あることが、ミナミアオカメムシが越冬し、定着するために必要だと推論しました。そして、このミナミアオカメムシが定着できるような温暖な地域では、境目のごく狭い共存地域を除いてアオクサカメムシはミナミアオカメムシとの競争に負けて生存できないと考えました。さらに、両者は別の種であり、交尾器の形が違うのに交尾することがあり、両者が同じ場所にすんでいる場合にはこの種間交尾がさらにアオクサカメムシに不利にはたらいていることも桐谷さんらが報告しています。

わたしが大学院生だった一九八〇年代前半にも、京都で採れたのはアオクサカメムシだけで、ミナミアオカメムシは一度も採ったことがありませんでした。一九八〇年代後半にわたしが大阪市立大学に勤めていたころ、大江あけみさんという大学院生がミナミアオカメムシとアオクサカメムシの種間交尾についての実験をしていました。大江さんはミナミアオカメムシを採集するため和歌山県南部まで何度も出かけていましたが、ある時、桐谷さんらが北限だといっていた有田市よりも五〇キロメートル以上北の堺市でミナミアオカメムシをたくさん見つけました。

さらに、一九九〇年代の終わりに、ロシアからきた博士研究員のムソリンさんが調べたところ、もはや大阪市内でもアオクサカメムシはほとんど見られず、ミナミアオカメムシがふつうにいることがわかりました。実際にムソリンさんはミナミアオカメムシを大阪の野外条件で飼育して一部の成虫が冬を越すことができることを示しました。また、これまでに桐谷さんや湯川淳一さん(九州大学名誉教授)ら、多くの人たちの調査結果から、ミナミアオカメムシが分布をだんだん北に広げてきたことが明らかになっています。わたしも二〇〇九年に京都に戻ったので探してみたところ、今では京都市内でもミナミアオカメムシが採れることがわかりました。

ただし、アオクサカメムシもまだ京都にはいます。二〇一五年の五月には、京都市左京区の高野川の河原で、ミナミアオカメムシ二六匹とアオクサカメムシ七匹を採集しました。成虫で休眠に入って冬を越すカメムシがこの時期に見られるということは、他の場所で発生したものが飛んできたのではなく、京都で成虫が冬を越したと考えられます。五〇年前には有田市付近より南でしか冬を越せなかったミナミアオカメムシが、温暖化にともなって京都市でも冬を越せるようになったと考えられます。

また、このごろ京都市内の桜の木で、体長二センチメートル以上もある大きな、黒地に黄色のまだら模様のカメムシがたくさん見つかります。これはキマダラカメムシという南方系の種で、中国や東南アジアが原産地と考えられます(図5-2)。スウェーデンの植物学者ツンベリーが江戸時代中期の一七七五年に鎖国中の日本を訪れた際に、長崎の出島でこのカメムシを採集した記録が残っています。一九三四年には長崎市で再発見され、長崎市ではふつうに見られるようになっていきましたが、一九八〇年ごろまでは長崎市以外では継続的な発生は報告されていませんでした。長崎市のみで見られたという不自然な分布からも、原産地から日本に人の手によって運び込まれたことは間違いないでしょう。

ところが、一九九〇年代後半から本州でも見つかるようになり、現在では愛媛県、山口県、岡山県、愛知県、東京都など各地で見つかっています。分布の広がり方が、だんだん北上というミナミアオカメムシのパターンとは異なり、突然離れたところで見つかるので、国内でも物資の運搬にともなって人為的に移動した可能性が高いでしょう。それにしても、温暖な地域から来たこのカメムシが移動先で越冬できるのは、温暖化を反映していると考えられます。

図 5-2　キマダラカメムシの成虫

温暖化によって分布を北に広げたのはカメムシだけではありません。ナガサキアゲハやツマグロヒョウモンなどの南方系のチョウもそうです。ナガサキアゲハは東南

図5-3　ナガサキアゲハの雌成虫
(写真提供：吉尾政信)

アジアから東アジアに分布する全体が黒い色をしたアゲハチョウで、日本はその北限にあたります(図5–3)。アゲハチョウ類は英語でスワローテイル(ツバメのしっぽ)と呼ばれるように、後翅《こうし》の後端に突起が出ているのが特徴です。ところがナガサキアゲハにはこのしっぽがないので、クロアゲハなど他の黒いアゲハから容易に区別できます(まれに雌《めす》だけにしっぽのある系統のナガサキアゲハもいます)。そして、その名の通りかつては主に九州のチョウで、一九四〇年代の北限は山口県や愛媛県でした。実際、わたしは子どものころ大阪で一度もナガサキアゲハを見たことがありませんでした。

しかし、一九八〇年代には大阪で確認され、一九九五年までには近畿地方全体で見られるようになりました。ナガサキアゲハの幼虫が食べる柑橘類《かんきつるい》(ミカンの仲間)は、西南日本だけではなく東北地方にまで広く分布しますから、以前から餌がないために分布が限定されていたのではありません。ミナミアオカメムシの場合と同様に、おそらくは冬の寒さが分布を決めていたと考えられます。

大阪府立大学副学長の石井実さんはわたしが大学院生だったころの研究室の先輩で、チョウが大好きでそれを研究するようになった人です。一九九〇年代に石井さんの研究室の大学院生だった吉尾政信さん（現在は東京環境工科専門学校教員）は、石井さんとともにナガサキアゲハの分布北上の原因を探りました。吉尾さんはナガサキアゲハ自身が寒さに耐えられるように変化して分布を拡大したのか、あるいはナガサキアゲハは変わらずに気候が温暖化した結果として分布が北上したのかの二通りの可能性を考えました。そのために、もともと分布していた奄美大島と鹿児島市、新たに分布を拡大した和歌山市と大阪府の箕面市《みのおし》の計四地点からナガサキアゲハを採集して、さまざまな性質を比較しました。

箕面市はその当時の分布の北限にあたり、その少し北で、より冷涼な能勢町《のせちょう》にはいませんでした。このチョウは蛹《さなぎ》で休眠に入って冬を越すチョウです。秋になって日長が短くなると幼虫は休眠蛹になります。吉尾さんの実験によると、この休眠をもたらす光周性《こうしゅうせい》にも休眠自体の性質にも四つの地点から採ってきたものの間で大きな違いはありませんでした。どの地点に由来するものでも、二〇度で一二時間日長の条件では休眠蛹になるものが多く、一三時間日長では逆に休眠しないものが多くなりました。休眠蛹をそのまま二〇度においてどのくらいたったら休眠が終わってチョウが羽化《うか》するのかを調べても、どの地点に由来するものでも一〇〇日前後で、大きな違いはありませんでした。

休眠蛹を徐々に冷やしていき、何度までは凍らないかという実験でも、四地点いずれのものもマイナス二〇度より少し低い温度まで凍らず、違いはありませんでした。昆虫の中にはイネの害虫のニカメイガなど凍っても死なないものもいますが、ナガサキアゲハは凍ったら死ぬ虫なので、どのくらい冷やしても凍らないのかというのは、耐えられる寒さの指標となります。しかし野外では、温度は毎日昼と夜で変化しますし、日を追って暖かくなったり寒くなったりもします。さらに、雨が降ったり風が吹いたりして、蛹が経験する温度などの条件は実験室とは異なります。重要なのは、実際に野外のどのくらい寒いところで冬を越せるのかです。

そこで吉尾さんは、秋の野外に休眠蛹を置いて春まで生きているかどうかを調べました。四地点に由来するナガサキアゲハに卵を産ませて、日長の短い条件で飼育して休眠蛹を得て、さまざまな寒さのところに置きました。蛹を置く場所として、吉尾さんは大阪府立大学のある堺市（標高三〇メートル）と、それよりも寒いところとして大阪府で一番高い金剛山（千早赤阪村）の標高四〇〇メートル、八〇〇メートル、一一〇〇メートルのところを選びました。

図 5-4　ツマグロヒョウモンの成虫．左が雌，右が雄

その結果、標高八〇〇メートルより高いところではすべての蛹が死にましたが、堺市ではどの地点に由来するものもほとんどが無事に冬を越して成虫となり、その間の標高四〇〇メートルのところでは、どの地点に由来するものもおよそ半数が死んで半数が成虫になりました。なんと、暖かい奄美大島のものも大阪で冬を越すことができたのです。このことから吉尾さんは、ナガサキアゲハは自分自身の性質を変えたのではなく、温暖化にともなって冬を越すことのできる地域が広がったことによって分布を北上させたと結論しました。

ツマグロヒョウモンはアフリカから日本に至る熱帯、亜熱帯に広く分布するチョウです。ヒョウモンチョウの仲間は、その名の通り翅が黄色地に黒の豹柄《ひょうがら》なのですが、ツマグロヒョウモンの場合には雌だけ前翅の先端が黒くなっています(図5-4)。雌だけこのような色彩をしているのは、同じように熱帯、亜熱帯に広く分布するチョウで、毒をもつカバマダラに擬態しているからだと言われています。ツマグロヒョウモンは、ナガサキアゲハ同様かつては九州や四国の南部が分布の北限でした。図鑑などによると一九六〇年ごろにはすでに近畿地方にも定着していたようです。それでもわたしが大学院生だった一九八〇年ごろにはほとんど見かけないチョウでした。しかし、現在は京都ではモンシロチョウなどと並んで一番ふつうに見られるチョウです。すでに関東地方北部にも定着しているようです。石井さんによると急速に分布を拡大したそうです。

ツマグロヒョウモンの幼虫の本来の餌は野生のスミレ類ですが、栽培種である三色スミレ（パンジー）でもよく育ちます。急速な分布拡大の原因として、ヒートアイランドを含めた温暖化、人が住んでいるところに幼虫の餌がたくさんあったこと、そして成虫が移動能力の高いチョウであったことが考えられます。一方、毒のあるカバマダラも分布を広げていると言われていますが、本州ではまだツマグロヒョウモンのようには見られないので、ツマグロヒョウモンの雌がカバマダラに擬態していることは、新しく分布を広げた地域では役に立っていないように思います。

ここまで、温暖化によって分布を拡大したと考えられる南方系の昆虫について説明しました。しかし、温暖化が起こらなくても、さまざまな昆虫が分布を変化させています。オオモンシロチョウはモンシロチョウとよく似ていますが、その名の通りそれよりやや大きいチョウです。幼虫はモンシロチョウの幼虫であるアオムシとは異なり黄色と黒の目立つ色をした毛虫ですが、同じようにキャベツなどアブラナ科植物の葉を食べます。日本より冷涼なヨーロッパ原産で高温に弱い北方系の昆虫ですが、非常に移動能力が高く、近年ユーラシア大陸を横断してロシア極東地域のウラジオストク周辺まで来ていました。このチョウが一九九〇年代半ばに北海道に侵入し、現在では北海道や東北地方の北部に定着していると見られています。

このように近年北方系の種が分布を広げた例もあるので、昆虫の分布の変化がすべて温暖化と関係があるわけではありません。また、温暖化の危険性を強調するために、南方系の種が分布を北上させたものだけを例にあげるのは不公正です。ただし、近年日本で分布を拡大した昆虫の多くのものが南方系なので、これらが温暖化と関係している可能性は高いし、それぞれについてナガサキアゲハのように厳密な研究をすれば温暖化との関係も明らかになってくるでしょう。

昆虫の分布拡大のことばかり書きましたが、当然のことながら逆に分布を縮小したり絶滅したりしている昆虫もいるはずです。ところが、分布拡大に比べて分布の縮小については的

図 5-5　ヒラズゲンセイの雄成虫(写真提供：初宿成彦)

確な情報が集まりにくいのです。その理由はなんでしょうか。
君たちが、それまでいなかった昆虫を初めて見つけたら、驚いて報告するでしょう。わたし自身、二〇〇三年六月一九日に当時勤めていた大阪市立大学のすぐ前でヒラズゲンセイというコウチュウを見つけました。ヒラズゲンセイは、鮮やかな赤い虫で、雄《おす》は黒くて大きな大顎《おおあご》をもっています(図5-5)。わたしが見つけたのは雄でしたからとても特徴的で目立つ虫でした。「見たことがない虫を見つけた」と、自然史博物館の初宿さんに報告したところ、「これはヒラズゲンセイといって、もともと温暖な地域に分布していたもので、大阪市では初めての記録と思いますよ」と言われました。一方で、いつから見られなくなったのかは多くの場合見逃されがちで、何年もしてから「そう言えばあのとき最後に見たことになる」となるのがふつうです。
温暖化の問題とはおそらく関係ありませんが、ニホンカワウソはすでに絶滅した動物です。最後に獲られた標本が一九七七年のもの、最後の目撃例が一九七九年のことでしたが、絶滅種に指定されたのはようやく二〇一二年のことでした。一匹でも採集されたり、確実に目撃されたら「いる」ことは間違いないのですが、「誰も目撃していない」というのでは本当に絶滅したのか、見つからないところに細々と生息しているのかはわかりません。なお、ニホンカワウソは、かつてはユーラシア大陸に広く分布するユーラシアカワウソの亜種とされていましたが、最近になって、過去に作られた剝製のDNAレベルの解析によってユーラシアカワウソとは別の日本固有の種である可能性が高いことがわかりました。絶滅したあとで、こんなことがわかるのも技術の進歩のおかげですが、わかるとさらに残念な気持ちになります。

実際に昆虫の分布縮小を明らかにした貴重な例について紹介します。北アメリカ大陸の太平洋側にエディタヒョウモンモドキというチョウが広く分布しています。ヒョウモンモドキというのは、見た目がヒョウモンチョウの仲間と似ているのですが、それとは少し離れた系統のチョウです。日本にはこれとは別の三種のヒョウモンモドキがいます。パーメザンさんは、過去にエディタヒョウモンモドキがいたことが明らかになっている、カナダのブリティッシュコロンビア州からアメリカ合衆国のワシントン州、オレゴン州、ネバダ州、コロラド州、カリフォルニア州、そしてメキシコに至る一五一地点を訪れ、成虫が飛ぶ時期に飛んでいるか、餌である植物に卵や幼虫がついているかを徹底的に調査しました。その結果、六〇地点ではこのチョウが絶滅していました。温暖化と関係があるなら、より温暖な低緯度地方や標高の低いところで絶滅していた割合が高いはずです。結果として、低緯度地域で絶滅率が高く、高緯度地域では絶滅率が低い傾向が得られ、温暖化との関係が推定されました。

一方、平地と少し標高が高いところの間には差がなく、標高が二四〇〇メートル以上のとくに高いところでのみ絶滅率が低くなりました。このチョウの生息環境が人間の活動によって攪乱《かくらん》された程度など、温暖化以外のさまざまな要因も関係あるので、分析はなかなか難しいと思います。それにしても、海岸沿いから高い山までの広大な地域を訪れて本当にいなくなっているかどうかを確認することのたいへんさを考えると、分布縮小の研究が難しいことがわかります。

第6章

セミの研究を始めた経緯

都市問題研究に採択

さて、いよいよこれからわたしたちのセミの研究の話をしようと思います。と言うと、いかにもわたしはセミの専門家のように聞こえますが、実はセミの研究を始めて十数年しかたっていません。十数年というと若い君たちにとっては十分長い時間でしょうが、わたしの研究生活の中では三分の一程度です。その間もセミ以外の研究をたくさんしてきたので、わたしの研究者人生のうちでセミに費やした時間は一〇分の一もないでしょう。その点では、わたしはセミの専門家ではありません。それでも、わたしは子どものころからセミが好きで、よくセミ採りをしていましたし、ずっと暮らしていた都市の環境ではセミは身近でなじみのある昆虫でした。もっと長く研究しているカメムシがセミと近い仲間であったこともセミに対する親近感と関係あったかもしれません。

まだわたしが京都大学の大学院生だったころ、ある新聞に京都の動物に関する連載のコラムがあり、すでに研究者として名の知られた先生方に混じって先輩たちも何回か担当していました。セミのところを執筆する適当な人が見つからなかった時に、前述の石井実さんに

「沼田君はカメムシの研究をしているのだから、同じカメムシ目《もく》のセミのところも書けるんじゃないの？」と言われて書いたことがありました。昨今の言葉でいうなら「無茶振り」みたいなものでしたが、写真が趣味だったのでアブラゼミが羽化《うか》する過程を撮っていた写真を提供し、あわててセミに関する本を読んで文章も書きました。それは、わたしにとってとてもよい経験になりました。セミはチョウやトンボなどとともに子どもたちが親しみを感じる虫ですが、農業害虫などの研究と比べてその研究がすぐに役に立つわけではないことや、生活史が長くて飼育が容易ではなく研究にはさまざまな困難をともなうため、他の昆虫に比べると分類学以外の研究はあまり進んでいません。わたしが大阪市立大学に勤務するようになってからは、夏のクマゼミの鳴き声に驚き、こんなにたくさんいるのにわからないことの多いセミをいつかは研究したいと考えるようになりました。しかし、実際にはセミを自分の研究の対象としないままに長い時間が経過していました。

二〇〇三年に森山実さんが大阪市立大学のわたしの研究室に配属されました(図6-1)。同大阪市立大学の理学部では四年生が一年間をかけて卒業研究をすることになっています。同時に配属になった下川佳世さんは、わたしがそれまで長年研究していたホソヘリカメムシの光周性《こうしゅうせい》に関する課題を研究することになったので、森山さんとは、これまでにしてきた研究

図6-1　森山実さん(右)とわたし
(2009年4月撮影)

と少し違ったことに挑戦したいと考えました。それ以前から、セミは雨の日に孵化《ふか》すると言われていました。第1章にも登場した一九五六年に書かれた『蟬の生物学』にすでに、アブラゼミは「野外では雨後に孵化することが多い」と書かれていました。しかし、それ以降も実際にセミの孵化が雨の日に起こることを、きっちりと調べた人はいなかったし、どういうしくみで雨の日に孵化が起こるのかはまったくわかっていませんでした。そこで、クマゼミが本当に雨の日に孵化するのかを確認し、もしそうならそれはどのようなしくみによるのかを、森山さんと一緒に明らかにしようと考えました。

森山さんの卒業研究が始まった夏に、「大阪市立大学都市問題研究」が募集されました。これは学内で募集される研究プロジェクトです。かつて大学では研究費はそれぞれの学部や研究室に、業績や研究テーマとは関係なく、教員や学生の数に応じて機械的に配分されていました。ふだんはその研究費を使って研究をするとともに、お金のかかる研究をしたい時には科学研究費補助金（一般に「科研費」と呼ばれ、文部科学省や日本学術振興会が審査して採否を決定し、配分する日本の研究者の代表的な研究資金）などの公募に「こういう研究をしたいからお金をこのくらいください」と申請します。申請が採択されれば、毎年必ず配分される研究費に加えてそれが使えることになります。けれども近年では、研究費を機械的に配分することに対して社会からの批判が強くなってきました。活発に研究している人もそうでない人も平等に研究費が配分されることへの批判です。そういう流れの中で、当時、大阪市立大学でも機械的に配分する研究費を減らして、大学にとって意義のある研究に重点的に配分しようとして、いくつかの研究プロジェクトを学内で募集しました。そうした研究プロジェクトの一つが都市問題研究でした。大阪市立大学は国が設立した国立大学とは異なり大阪市が設立した大学ですので、都市あるいはもっと具体的に大阪市にとっての問題を解決するような研究にお金を配分しようと考えたのは自然なことかもしれません。都市問題研究ですから、多くは都市固有のさまざまな問題とその解決策を考えるようなプロジェクトが採択されました。

わたしは、クマゼミが多いことは環境問題や社会問題のような「問題」ではないかもしれませんが、「どうして大阪にはこんなにクマゼミが多いの？」という市民の素朴な疑問に答えるのも、大阪市が設置した大学の教員の務めではないかと考えました。わからないことがあると誰かに聞いてみたいのは自然な感情です。答えがわかるとすっきりした気持ちになります。それに大学の教員が貢献できるのはうれしいことです。

ただし、ここで一言付け加えておくと、大学の教員は社会との関係において研究テーマを決める時があってもかまいませんが、基本的には自分自身の「知りたい」という気持ちで研究テーマを決めるべきです。社会から要請のある、経済的な利益に直接つながる研究だけをしているのでは科学全体は発展しません。その理由の一つは、何が人類の役に立つのかというのは長い年月がたって初めてわかることだからです。有名な例では電磁誘導の原理を発見したファラデーに「それはいったい何の役に立つのか？」と質問した人がいたそうです。それに対して、ファラデー自身も電磁誘導が何の役に立つのか答えていませんが、発電はすべて電磁誘導の応用ですから現在のわたしたちの生活はほとんど電磁誘導に支えられていることになります。

それよりももっとわたしが言いたいのは、「知らないことを知りたい」と思うのは人間が生きていく上で基本となる性質だということです。美しい音楽に心を奪われることも、すばらしい文学作品を読んで感動するのも、からだを極限まで動かしてスポーツをすることも同じです。個別に見れば、どれか一つがなくても生きていけるのかもしれませんが、そういった活動すべてがヒトという生物の生き方であり、それらの総体が文化を形成するのです。わたしはどれかをなくしてしまうと、ヒトという生物そのものの存立が脅かされると思っています。

最近、国立大学は社会的要請の高い領域に集中すべきだという議論がありますが、それはヒトという生物を理解しない人の考えです。したがって、わたしは大学にはテーマとは無関係に配分される研究費は必要と考えています。もちろん、大きなお金を投入すべき緊急の課題があれば、そちらに手厚く配分することはよいと思いますが、「知らないことを知りたい」と考える気持ちを尊重して、あらゆる分野の学問が滅びないようにするのは国の務めです。

都市問題研究に話を戻すと、この募集では大阪市立大学以外の大阪市の機関との共同研究が推奨されていました。そこで、それまでに長くセミの研究をしていた大阪市立自然史博物館の初宿成彦さんと一緒に都市問題研究に応募し、「市民とともに探る大阪のセミの謎」という三年間の研究が採択されました。これは、初宿さんやわたしが市民の疑問に答えるために研究するだけではなく、市民と一緒に謎を解明する過程を楽しむという内容になっていました。そのために、それ以前から初宿さんが桂孝次郎さんら市民のみなさんと一緒にしていた靭《うつぼ》公園のぬけがら調査にわたしも参加するとともに、新たにセミの翅《はね》に印をつけてどこまで飛ぶかを調べたり、市民アンケート調査をしていつごろからクマゼミが多くなったのかを探ったりしました。この研究を通じてわたしは大学の教員が市民と直接接することの重要性や楽しさを感じましたし、森山さんの研究が発展するのにも役立ったように思います。

森山さんは卒業研究でクマゼミが雨の日に孵化することを明らかにしました。そして、そのまま大学院に入学して、雨の日に孵化するしくみとその意義を明らかにし、さらに、なぜ大阪ではクマゼミが増えたのか、温暖化と関係があるのかを解明する方向へと研究を発展させました。第7~10章でこれらの研究を紹介する前に、簡単にセミとはどういう昆虫でどのような生活史をもっているのかを説明しましょう。

セミの生活史

セミは、カメムシ目セミ科《か》の昆虫です。オーストラリアには鳴き声を出さないムカシゼミ科のセミがいますが、日本のセミはすべてセミ科に属します。目や科というのは生物を分類する際のグループ分けの単位で、目は大きなまとまりを、科はその下のより小さなまとまりを示します。たとえば、わたしたちヒトは霊長目《れいちょうもく》(すべてのサルが入り、サル目とも呼ばれる）、ヒト科（現生のものではオランウータン、チンパンジー、ゴリラとヒトが含まれる）に属します。

さて、カメムシ目は、不完全変態昆虫です。第2章に書いた通り、幼虫から成虫になるときに蛹《さなぎ》を経ない昆虫のことを不完全変態昆虫と言います。チョウやハエのように成虫になる際に蛹を経ることで、きわめて大きな変化を示す完全変態昆虫は、口や消化管の形も大きく変わるので、幼虫と成虫はまったく違うものを食べる生活が可能です。たとえばモンシロチョウの幼虫であるアオムシは、かじる口をしていてキャベツの葉をばりばり食べるのに対して、成虫は口吻《こうふん》（ストローのような口）で花の蜜を吸います。

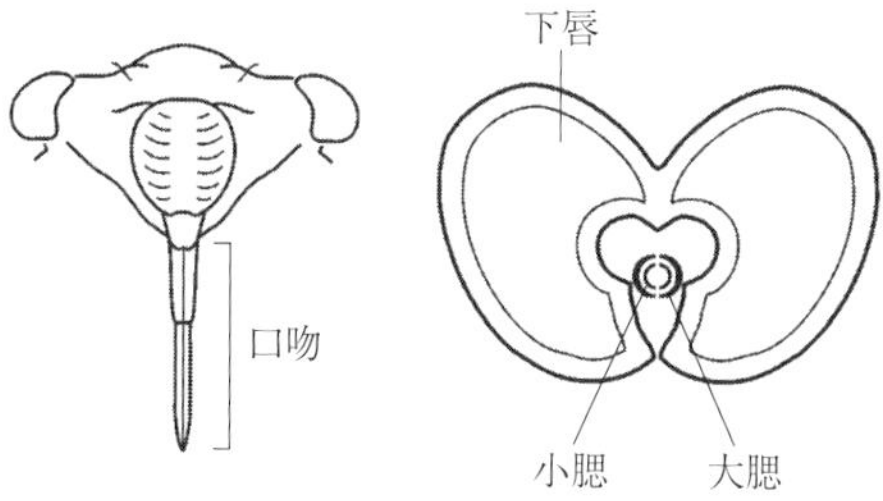

図6-2　クマゼミの口器．左は腹面から見た口器全体で，右は断面図（出典：沼田英治・初宿成彦『都会にすむセミたち　温暖化の影響？』海游舎）

カメムシ目の昆虫は幼虫も成虫も口吻をもっています。クマゼミのものを図6-2に示します。カメムシ目の昆虫の口はチョウのようにぐるぐる巻きにすることはできず、ふだんはまっすぐ下向きに腹面に接しています。これを餌《えさ》に突き立てて液体を吸います。ストローのような口と表現しましたが、正確にはストローのような中空の管ではなく、左右に開く顎《あご》が変化したものです。断面を見ると、図6-2右のように、左右の下唇が合わさってさやのようになり、その中に左右の小腮《しょうさい》と大腮《だいさい》でできた二重の管が通っていることがわかります。この小腮の隙間を液体が通って消化管へと移動します。カメムシ目にはセミ以外にカメムシやアブラムシ、ウンカなどが含まれています。以前はカメムシ目を「カメムシの仲間」と、「アブラムシ、セミ、ウンカの仲間」の二つに分けていました。今でもセミとウンカは近い仲間ですが、アブラムシとは少し縁が遠いことがわかっています。これらの中でセミの特徴は、幼虫が地中で生活することです。

セミの幼虫は地中で生活しますが、成虫は、植物の地上部分に産卵します。たとえば、クマゼミなら、枯れ枝に産卵管で穴をあけて産卵します。「幼虫が地中で生活するのだったら、なぜセミの成虫は土の中に卵を産まないのか？」とよく聞かれますが、わたしにも確実な答えはありません。バッタなどは幼虫が地上で生活するのに卵を土の中に産みますから、セミがどうしてそうできないのかは、おそらく進化の過程で得てきたからだのさまざまな部分の形や性質がもたらす制約だろうと思います。つまり、「セミは土の中に卵を産めないようなからだに生まれついているから」としか答えられません。

セミの孵化は他の昆虫とは少し異なります。多くの昆虫では、卵殻《らんかく》を破って一齢幼虫《いちれいようちゅう》が孵化します。しかし、セミの場合には、卵殻を破って最初に出てくるのは幼虫ではなく前幼です。これは、第2章で「昆虫では卵から孵化したものを一齢幼虫と呼ぶ」と書いたことと少し矛盾します。前幼の中には幼虫のからだが完成していますが、薄い膜でからだ全体が覆われているために脚を動かして歩くことはできません。前幼は卵殻からは脱出しているがまだ幼虫ではないと考え、この膜を脱いだものを一齢幼虫と呼びます。

図6-3　クマゼミの前幼

クマゼミの場合には枯れ枝にあけられた穴の中で卵殻を破って孵化した前幼は、ウジ(ハエの幼虫)のようにからだをくねらせて穴から枯れ枝の表面に達し、からだの前半部が露出すると、すぐに膜を脱いで一齢幼虫になります。図6-3は、前幼が穴からからだの前半部分を出した状態の写真です。幼虫の複眼が透けて見えます(黒点の部分。実際には黒色ではなく、暗赤色)。この状態で膜を脱いで一齢幼虫になります。一齢幼虫の写真を図6-4に示します。一齢幼虫は、複眼だけに色がついており、それ以外の全身が半透明の乳白色です。前脚は、セミの幼虫らしく土を掘るのに都合がよい鎌のような形をしています。ところで、この写真は上下逆だと思いませんでしたか。実はこれで正しいのです。一齢幼虫の多くは、こんな感じで頭を下にしてじっとしています。クマゼミの成虫が頭を下にして木にとまっているのを一度見たことがありますが、これはまれなことでふつうは頭を上にしています。どうして一齢幼虫は頭を下にしているのでしょうか。きっと何か理由があるのでしょうが、わたしにはわかりません。やがて、一齢幼虫は地面に落ちます。一齢幼虫は前幼とは違って六本の脚で歩けるのですが、観察していると、幼虫は枯れ枝から歩いて降りるのではなく、ぽとりと落ちることがわかりました。野外では高い木の上の枯れ枝から落ちるのでしょうか。もしそうなら幼虫は風に飛ばされてどこへ行くかわかりません。水の上など土に潜るのに不都合な場所に飛んで行ってしまうのではないか、などと疑問に思いましたが、多くの枯れ枝は冬の間に折れてすでに地面に落ちているので、実際に幼虫が落ちるのはほんの少しの距離だろうと思います。

図6-4　クマゼミの一齢幼虫

地面に降りた一齢幼虫は土に潜って地中で木の根に定着し、それから栄養を取って育ちます。第2章に書きましたがセミは栄養の少ない道管液を吸っています。ストローのような口で液体を吸うのはカメムシ目の昆虫の一般的な特徴です。同じカメムシ目のアブラムシは糖類がたくさん含まれる篩《し》管《かん》液を吸って速く成長します。しかし、セミは道管液を吸ってゆっくりと成長します。その結果、クマゼミは、平均七年間とも言われる長い地中での幼虫生活を送ります。クマゼミの幼虫は五齢まであります。つまり土の中で四回脱皮します。十分に成長した五齢(終齢)幼虫が夏を迎えると、今度は地上に現れて成虫へと羽化します。羽化はまれに明るい時間に見られることがありますが、通常は暗くなってから数時間の間に見られます。羽化したての成虫は白っぽくて目立つ上、からだが軟らかくて飛べないので、眼で見て獲物を探す鳥などの天敵に見つからないように暗くなってから羽化するのでしょう。

セミというと、君たちはまず夏に木の上にいる姿を思い浮かべるでしょう。ところが実際にはセミの一生のうち地上に成虫の姿で現れている期間はごく短いのです。わたしたちが、市民と一緒に行ったクマゼミ成虫のマーキング調査によって、セミの成虫の寿命は一般に言われているほどはかなく短いものではなく、意外に長いことがわかりました。この調査はもともと「クマゼミはどこまで飛ぶか?」という呼びかけで始めたもので、大阪市内の公園でクマゼミの翅に油性ペンで印をつけて放し、どれくらい離れたところで再捕獲されるかによ

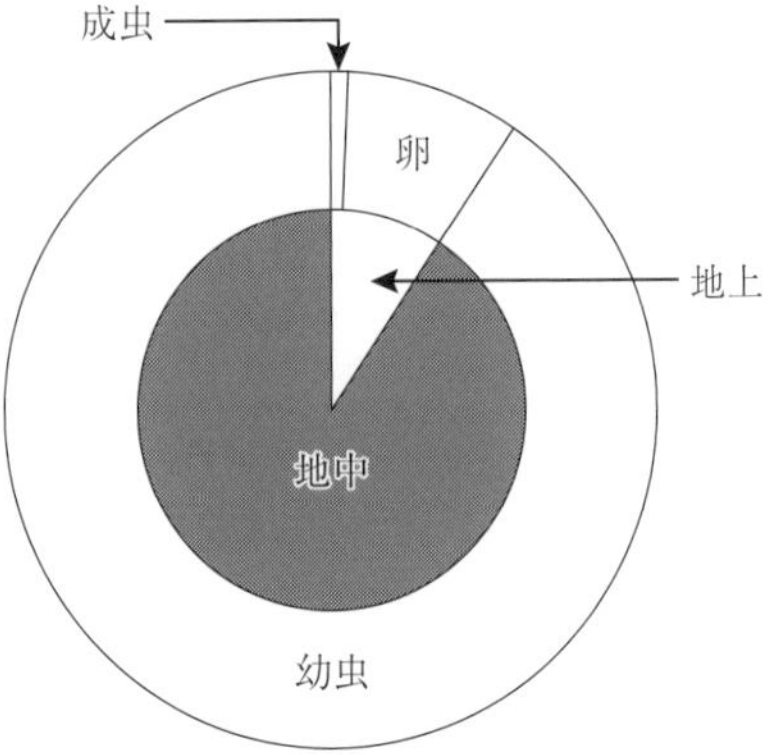

図6-5　クマゼミの生活史とその時間配分(出典：沼田英治・初宿成彦『都会にすむセミたち　温暖化の影響?』海游舎)

って成虫の移動能力を知ろうとしたものです。第1章に書いたように、もっとも遠くで見つかったものでも一・二キロメートル離れたところにすぎなかったのですが、それよりも驚きだったのは、印をつけて放してから三〇日後に元気な雌《めす》のクマゼミが再捕獲されたことです。このように長生きのセミもいることがわかりましたが、おそらく成虫の平均寿命は一カ月以下でしょう。

一方、初宿さんらが、長居公園に設置した網《あみ》室《しつ》にクマゼミの一齢幼虫を放してから成虫が羽化するまでを調べた結果では、クマゼミが地中に幼虫でいる期間は、ばらつきがあるものの平均すれば七年間ということでした。また、夏に産まれたクマゼミの卵は早い段階で成長を止めて休眠に入って冬を越します。多くの昆虫と同様、クマゼミの卵でも冬の間に休眠が終わるので、翌年の春に温度が上がると成長を再開して幼虫のからだを完成させ、夏に孵化します。したがって、卵の期間が約一年間となります。図6-5に示すように、クマゼミの場合一生の九九パーセントは卵と幼虫で、成虫の期間はたった一パーセントということになります。

一生でもっとも危険な時間

生物が、生まれてからの時間的経過にともなって、どのようにして死亡して減少していくのかを示した表を生命表と呼びます。生命表は野外で生物がどのような一生を送っているのかを明確に示します。生命表の意味のとらえ方は、二〇一五年に亡くなった生態学者の伊藤嘉昭さんが一九五九年に著した『比較生態学』(岩波書店／第二版は一九七八年発行)という著書で解説しています。一九八一年に当時名古屋大学の伊藤さんと沖縄県病害虫研究所の長嶺将昭さんは、沖縄のススキ原におけるイワサキクサゼミの生命表を報告しました(表6-1)。それによると、ススキの茎に産まれた卵の死亡率は約五パーセントときわめて低く、地中にいる二～五齢幼虫の死亡率もそれぞれの齢で五〇パーセント未満です。しかし、一齢幼虫で何と九八パーセントが死んでいます。なぜこんなに特定の段階での死亡率が飛びぬけて高いのでしょうか。それは孵化してから地中に潜るまでの短い時間にアリやクモに食べら

表6-1　沖縄のススキ原におけるイワサキクサゼミの生命表

発育段階	当初個体数	死亡個体数	死亡率	主な死亡要因
卵	34,448	1,578	4.5	不明
1齢幼虫	32,870	32,233	98.1	アリ，クモ
2齢幼虫	637	195	30.6	カビ，アリ
3齢幼虫	442	119	26.9	カビ，アリ
4齢幼虫	323	145	44.9	カビ，アリ
5齢幼虫	178	87	48.8	カビ
土から出た幼虫	91	3	3.2	アリ，トカゲ
成虫	88	—	—	—

(Itô and Nagamine 1981, Ecol. Entomol. 6: 273-283 より)

れてしまうからです。小さくてひ弱な一齢幼虫がうろうろ歩いていると、アリやクモの餌食《えじき》となってしまいます。五齢幼虫が地上に現れてから成虫として羽化するまでも同じような場所にいるはずですが、からだが大きいせいか死亡率はきわめて低く数パーセントです。いかに一齢幼虫が過酷な条件におかれているのかがわかると思います。

残念ながらこれまでにクマゼミの生命表は報告されていませんが、イワサキクサゼミのものを参考にして、ある程度推定することができます。土に潜って木の根にとりついた幼虫はきわめて安定した環境にいます。温度は地上ほど著しい変化を示さないし、十分湿っているので乾燥の危険もありません。根の道管からは水とわずかながらも栄養が常に供給されます。イワサキクサゼミの場合は地中でもいくらかカビが生えたり、アリに食べられたりして死んでいるので、クマゼミでも同様のことがあるでしょうが、地上ほど捕食者は多くないでしょう。

また、わたしがこれまでにさまざまな昆虫の研究をしてきて気づいたことは、昆虫に寄生する昆虫の多さです。野外でモンシロチョウの幼虫、アオムシを採集してきて育てると、多くのアオムシは蛹になることができず、アオムシコマユバチという寄生蜂《きせいばち》の幼虫がアオムシの皮膚を食い破って脱出します。野外でホソヘリカメムシの卵を採集してくると、多くの卵は孵化することなく、カメムシタマゴトビコバチという寄生蜂が羽化してきます。これらの寄生蜂がモンシロチョウやホソヘリカメムシの生命表では大きな意味をもちます。寄生蜂は、わたしたちのからだに寄生するカイチュウなどの寄生虫とは違って、寄生した相手をからだの中から食べつくしてしまいます。そこで、寄生蜂や寄生蠅《きせいばえ》など昆虫に寄生する昆虫を、寄生された動物とともに生き続ける寄生虫(パラサイト)とは区別して捕食寄生者(パラシトイド)と呼びます。しかし、地中にいるセミの幼虫には捕食寄生者の存在が知られていません。これも地中のクマゼミの幼虫が高い死亡率を示さない理由だろうと思います。

ところが孵化してから土に潜るまでのクマゼミの一齢幼虫は、イワサキクサゼミの場合と同様に危険にさらされます。わたしたちが晴れた日の乾燥した地面にクマゼミの一齢幼虫を放した時には、ほとんどのものがアリに捕食されたり、乾燥したりして死にました。孵化してから土に潜るまでのごく短い時間がとても危険なことがわかるでしょう。では卵はどうでしょうか。枯れ枝にあけた穴の中に産まれた卵はやがて休眠に入って冬を越します。卵は卵殻に包まれているためにある程度乾燥に強く、穴の中に入っているために風雨や天敵から保護されています。アブラゼミの卵に寄生するセミタマゴバチがいることが一九三四年に、東京農林専門学校(現・東京農工大学)教授の石井悌さんによって報告されています。そして、寄生蜂の専門家である広瀬義躬さん(九州大学名誉教授)によると、クマゼミの卵に寄生するハチもいる可能性があるそうですが、わたしはまだ一度も見たことがありません。また、ウシカメムシという胸部にとがった棘《とげ》が二本あってそれが牛の角のように見えるカメムシがいます。これはクマゼミの卵を吸うと言われており、実際に観察例も報告されています。かつてはとても珍しい虫だったのに、今では大阪で珍しくなくなったことから、クマゼミの増加と関係しているのかも知れません。

しかし、寄生蜂やウシカメムシが実際に野外でクマゼミの卵の多くを食べているとは考えにくいです。そうしてみると、クマゼミの一生で一番危険なのは、一齢幼虫が土に潜るまでのごく短い時間になります。この時期に生きのびて木の根に取り付けるかどうかが一生を左右していると言っても過言ではないでしょう。また、卵は捕食者との関係では比較的安全だとしても、土の中とは異なり、枯れ枝の中で一年間過ごすので、冬の寒さに直接さらされ、また晴れた日が続くと乾燥にもさらされることになります。そこで、わたしたちはこの一生で一番危険な一齢幼虫が土に潜るまでの時間と、変動の激しい地上の環境に長くさらされる卵の期間に注目して研究を進めることにしました。

第7章

冬の寒さと
クマゼミの増加の関係

冬の寒さの緩和

クマゼミが大阪で増えた理由について、まずわたしたちは以下のように考えました。もともと温暖な地域が起源のクマゼミは冬の寒さに強くなく、かつての大阪では冬の間にかなり死んでいたのが、近年の冬の気温の上昇にともなって死亡率が低下し、そのために増えた、というものです。図7-1に、大阪における一九四五年から七〇年間の一月の平均気温を示します。一月は一年でもっとも平均気温が低い月です。第5章に書いたように、桐谷さんらは一九六〇年代のミナミアオカメムシが実際に分布している地域の気象データから、このカメムシの成虫が越冬できるのは一月の平均気温が五度以上の場所だけだと推定しました。確かに一九六〇年代の大阪は一月の平均気温が五度未満の年が多く見られました。したがって、当時ミナミアオカメムシが大阪に分布していなかったことを桐谷さんらの考えで説明できます。しかし、一九八七年以降は二〇一一年を例外として一月の平均気温が五度未満の年はありません。桐谷さんらの考えが正しいとすれば、今ではミナミアオカメムシが大阪まで分布を広げていることが納得できます。

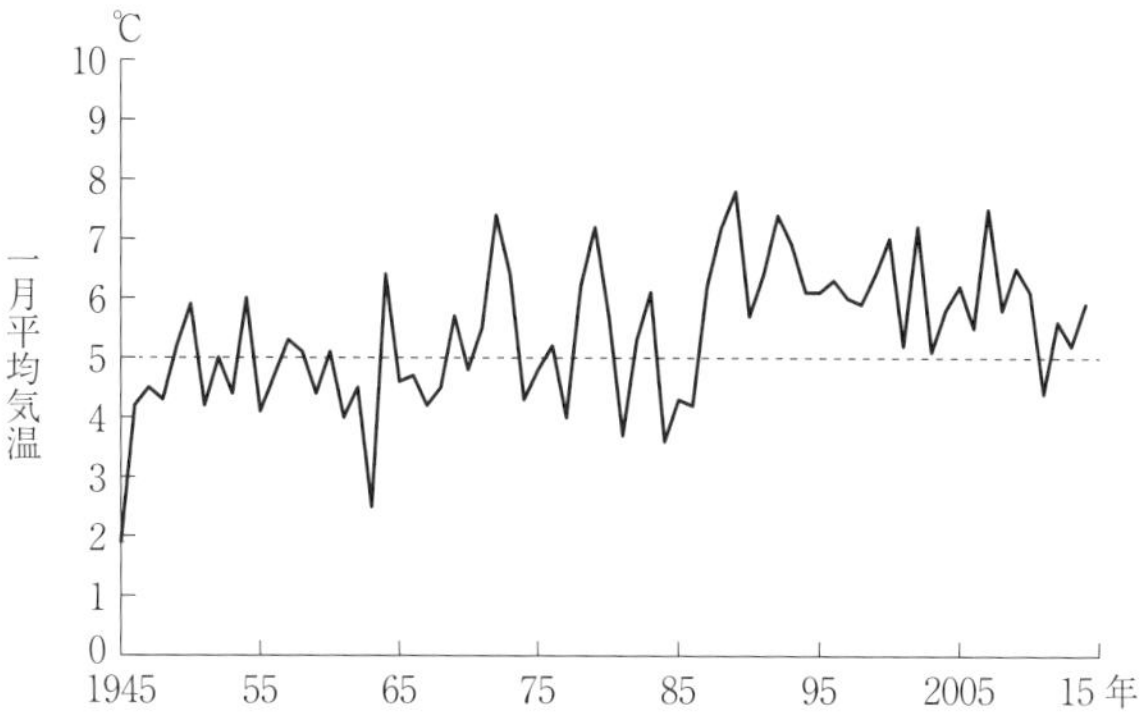

図 7-1　大阪における過去 70 年間の
1 月平均気温の推移(気象庁による)

成虫で冬を越すミナミアオカメムシとは異なり、クマゼミでは冬の間の卵の死亡率が問題になります。なぜなら、クマゼミの場合卵と幼虫が冬を越しますが、幼虫は地中で冬を越すためにそれほどきびしい低温にはさらされません。一方、卵は枯れ枝に産みつけられます。枯れ枝の多くは秋から冬にかけて折れて地面に落ちます。樹上にあるにせよ地面に落ちるにせよ、卵は冬の間、外気に直接さらされます。ですから、卵がどのくらいの寒さに耐えられるのかが重要と考えました。ナガサキアゲハにおいて吉尾さんが冬を越す蛹《さなぎ》がどのくらいの寒さに耐えられるかを問題にしたのと同じ発想です。違っているのは、吉尾さんはナガサキアゲハ自身が性質を変えて分布を広げた可能性と、ナガサキアゲハは変わらずに温暖化によってより高緯度地域で冬を越せるようになった可能性の両方を考えましたが、わたしたちはクマゼミの性質が変わった可能性はほとんどないと考えました。ナガサキアゲハの場合、温暖な地域では一年間に何世代も繰り返します。それに比べてクマゼミは一世代に八年もかかることを考えると、より冷涼な気候に適した変化が遺伝子に生じて、それがその地域の虫全体に広がるまでにはずいぶん長くかかると考えられます。したがってクマゼミに数十年間で起こった変化の原因を、寒さに耐える性質が変わったからと考えるのは無理があるからです。

卵の寒さに対する耐性

まず、わたしたちはクマゼミの卵がどのくらいの寒さに耐えられるかを、アブラゼミの卵と比較することにしました。大阪ではクマゼミが増える前はアブラゼミが一番多かったことから、アブラゼミの方が寒さに強いのではないかと考えたからです。そのために、クマゼミとアブラゼミの雌《めす》成虫を大阪で採集し、それらに卵を産ませました。野外ではクマゼミは枯れ枝にアブラゼミは木の皮に産むことが多いのですが、実験室では少し湿らせたペーパータオルを重ねあわせて虫を包んでおくと、どちらの種《しゅ》もペーパータオルの間に産卵するので、その方法で卵を集めました。

クマゼミもアブラゼミも冬になる前に幼虫のからだを作る過程(発生)が決まった段階にまで進んで、それ以上には進まずに休眠に入ります。クマゼミとアブラゼミでは休眠に入る発達段階が少し異なりますが、卵を二五度に四〇日間おくと、いずれも休眠の段階まで進みます。野外では急に寒くなることはなく徐々に寒くなるので、休眠の段階に至ったこれらの卵を一〇度に二カ月程度おいてある程度寒さに慣らしました。野外でちょうど冬を迎えた状態を実験室で再現したつもりです。これらの卵がどのくらいの寒さに耐えられるのかを知るために、マイナス二一～三〇度のきびしい寒さに一日さらした後に生きているかどうかを判定しました。その結果、やはりクマゼミの方が寒さに弱く、半数が死ぬ温度はマイナス二三・三度でしたが、アブラゼミのそれはマイナス二八・九度でした(図7-2)。このようにクマゼミの方がアブラゼミより寒さに弱いのは予想通りでしたが、これらの卵が死んだ温度は、大阪では決して起こらないとても低いものでした。実際、気象庁が公表している一八八三年からの大阪の気象データを見ても、日最低気温がもっとも低かったのは一九四五年二月二八日で、マイナス七・五度でしたから。

野外ではこんなに寒くはなりませんが、冬の期間は一日よりもはるかに長いものです。そこで、一日だけのきびしい低温ではなくもっと長い期間、より穏やかな低温にさらしてみま

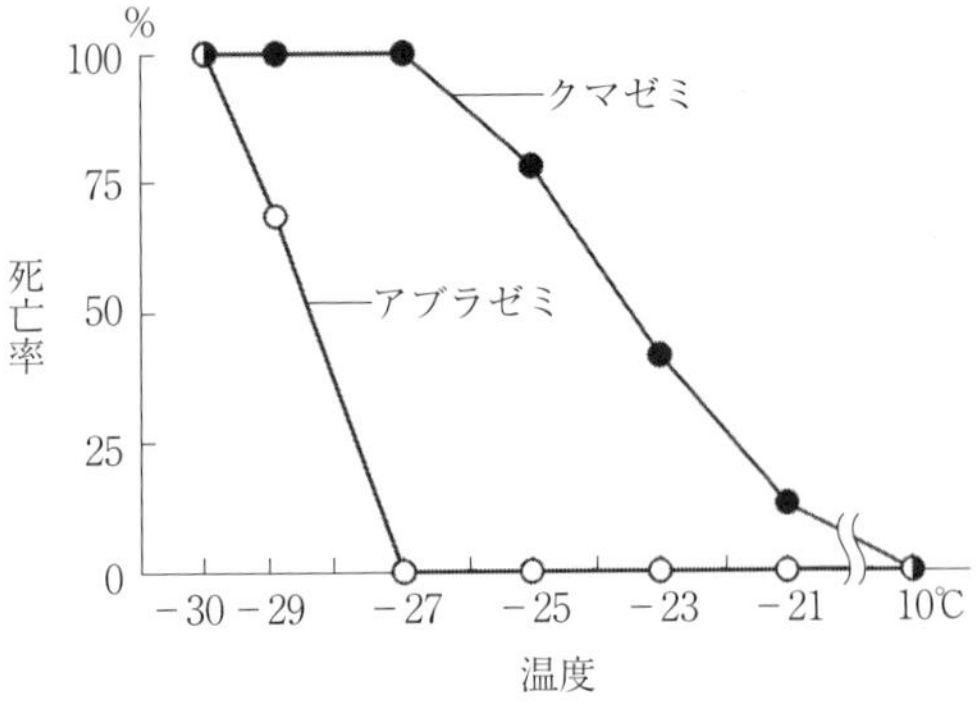

図7-2　クマゼミとアブラゼミの卵がどのくらいの低温に耐えられるか（Moriyama and Numata 2009, Entomol. Sci. 12: 162-170 より）

した。やはり二五度において休眠の段階まで発生を進めた後に、一〇度に四カ月おいて十分に冬の状態を経験させました。そして、一部はそのまますぐに二五度に戻し、のこりはさらにマイナス五度にさまざまな期間おいてから二五度に戻しました。一〇度に四カ月おいた卵では、すでに休眠は終わっているので、二五度に戻すと生きているなら二カ月程度で孵化《ふか》します。結果としては、マイナス五度に一カ月おいても、マイナス五度におかなかったものと比べて孵化した幼虫の割合は低くなりませんでした。大阪の過去の気象データで、一カ月の平均気温がもっとも低かったのが一九四五年二月のプラス一・八度でしたから、マイナス五度に一カ月おくというのも大阪では考えられないような過酷な条件です。それにもかかわらず、クマゼミとアブラゼミの両方の卵が生きのびることができました。

野外に置いた卵の孵化

これらの実験によって、クマゼミとアブラゼミの卵はかなり寒さに強く、現在の大阪はもちろん数十年前の大阪の寒さにも十分耐えられると考えられましたが、これらはすべて実験室の人工的な環境で行った結果です。さらした温度は変動することなく一定ですし、湿度はずっと高く保っています。野外では温度も湿度も変化します。そのような変動する条件ではクマゼミは寒さに弱いのかもしれません。

そこで、第5章に書いたナガサキアゲハの吉尾さんの研究を参考にして、わたしたちも野外に卵を置いて死亡率を調べようと思いました。できるだけ自然条件に近づけようと、前の実験のように卵をペーパータオルに産ませるのではなく、大阪市立大学の杉本キャンパスに雌のセミを入れた大きな虫かごを置き、その中に角棒をつるしてそこに産卵させました。

そうして得られた卵の半分は、そのままこのキャンパスの野外条件に置きました。ここは、ぬけがら調査ではほとんどクマゼミしかいなかった場所です。そして、数十年前の大阪に匹敵するくらい寒い場所として、東大阪市の枚岡山《ひらおかやま》を選びました。枚岡山は大阪平野の東側に

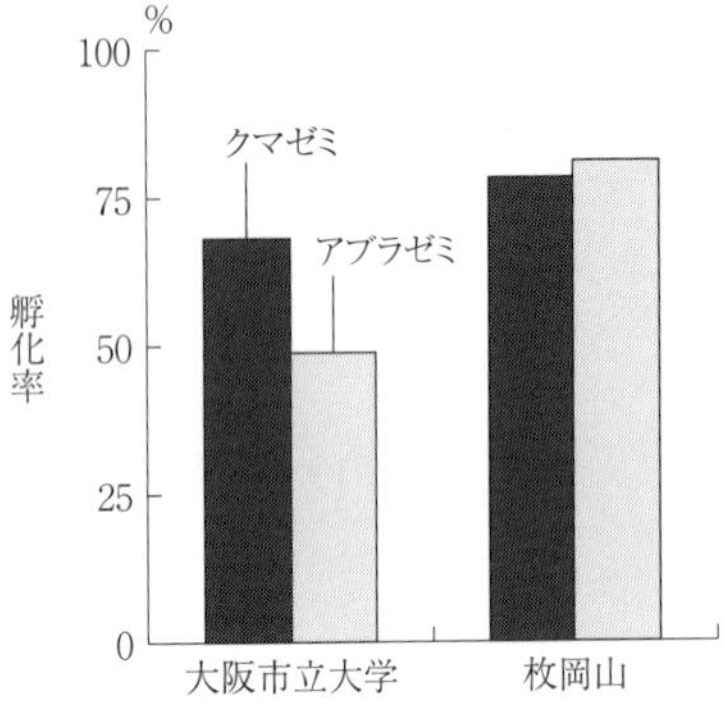

図7-3　クマゼミとアブラゼミの卵の野外における越冬の成功率
(Moriyama and Numata 2009, Entomol. Sci. 12: 162-170 より)

ある生駒山地《いこまさんち》の西の端にあり、府立の公園になっています。枚岡山の標高三〇〇メートルの地点では、ぬけがら調査でクマゼミのものはありませんでした。二〇〇五年九月一六日に、産卵された角棒ののこり半分を大阪市立大学から枚岡山に運びました。およそ一年間そのままにしておいて翌年の九月初めに回収し、角棒から、すでに幼虫が孵化して卵殻《らんかく》だけ残っているものと、孵化しないで死んだ卵を取り出して数えました。一二月から二月の三カ月間を冬と考えると、その間の平均気温は大阪市立大学では五・五度、枚岡山では三・七度、また最低気温はマイナス二・九度とマイナス五・二度でした。一九四〇年代から二〇〇〇年代までに大阪の冬の気温は一・五度くらい上昇しているので、枚岡山は一九四〇年代の大阪よりも少し寒いくらいと考えることができます。しかし、クマゼミの卵もアブラゼミの卵も、大阪市立大学と枚岡山のいずれでも孵化することができました。図7-3を見てください。アブラゼミは大阪市立大学での孵化率が、枚岡山よりもやや低くなりましたが、クマゼミはそれほど差もなく、寒い枚岡山での孵化率も低くはありませんでした。

この結果から考えると、「クマゼミは冬の寒さに弱くて、かつての大阪では冬の間に多くが死んでいた」という考えが間違っていたことになります。ナガサキアゲハの北上の場合とは異なり、クマゼミ増加の原因は冬の寒さの緩和に求めるのではなく、別の要因を考えなければなりません。

第8章

夏の乾燥と
クマゼミの増加の関係

都市の乾燥化

都市は暑くなっただけではなく、より乾燥するようになりました。大阪では一九四五年から二〇〇五年までの六〇年間に年平均の相対湿度《そうたいしつど》がなんと一〇パーセントも下がっています(図8-1)。潮岬《しおのみさき》(和歌山県)では二~三パーセントしか下がっていないのと比べて、大阪の乾燥化は顕著です。相対湿度とは、ある温度の空気中に含みうる最大の水蒸気に対して、どの程度の水蒸気を含んでいるかを示す値で、これからは単に湿度と呼びます。空気が含むことのできる水蒸気は、温度が高いほど多くなります。昼間洗濯物を外に干すと乾くのに、同じ場所で明け方には露が降りるのは、気温の高い昼間の空気が含んでいる水蒸気の量は、明け方の低い温度の空気が含むことができる最大の水蒸気の量よりも多いからです。

逆に、含んでいる水蒸気の量を変えずに温度を上げると湿度は低下します。たとえば、一九四五年ごろの大阪の年間平均気温に近い一五度で、当時の年間平均湿度に近い七〇パーセントの空気を密封した容器に入れ、温めて近年の年間平均気温に近い一七度にします。そうすると容器の中の湿度は六二パーセントまで下がります。都市の空気は密封容器に入ってい

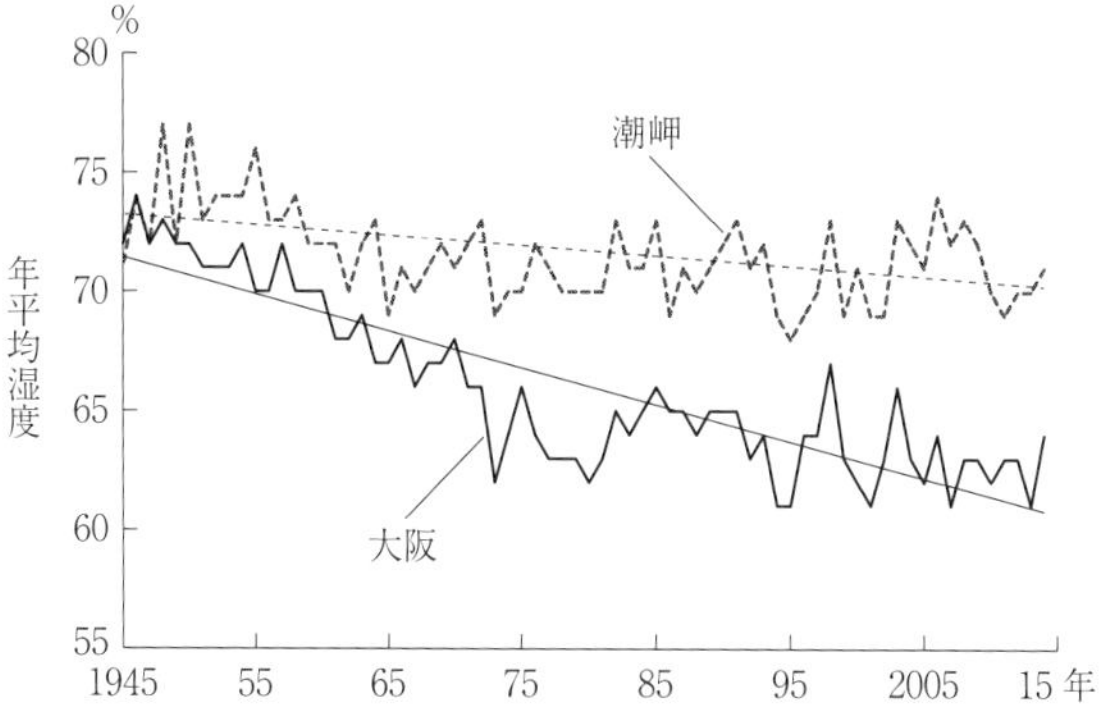

図 8-1　大阪と潮岬における過去 70 年間の年平均湿度の推移(気象庁による)

るわけではないので、このような単純な計算は成り立ちませんが、過去の日本の各都市の気温と湿度から計算すると含んでいる水蒸気の量はさほど変わっていないと推定されるため、都市の乾燥化のかなりの部分が気温の上昇によると言われています。都市では地表面をむき出しの土や植物からアスファルトやコンクリートに改変したわけですから、雨水は蒸発せずに下水に排出され、仮に気温が同じであったとしても湿度は低下したに違いありません。実際に大阪の湿度が一〇パーセント低下したことは、気温上昇だけから計算されるよりも大きいものです。

もしこの湿度の低下がクマゼミと他のセミに与える影響に違いがあるなら、それがクマゼミ増加の原因かもしれません。地中にいる幼虫は一年中湿度一〇〇パーセントの環境にいるので、空気中の湿度の低下は問題とはならず、一齢幼虫も湿度に反応して適切に雨の日に孵化するなら、乾燥にさらされることはないはずです。また、温度の低い冬は湿度が低くなっても蒸発によって奪われる水分量は少ないので、乾燥が一番問題になるのは、夏に孵化する直前の卵ではないかと考えました。

乾燥条件下での孵化

そこで、第7章の初めの部分で行ったのと同じようにして、クマゼミとアブラゼミにペーパータオルに卵を産ませて、二五度で四〇～六〇日おいて休眠の発達段階まで進ませ、次に一〇度に三～四カ月おいて休眠を終わらせたあと、二五度に戻して再び発生を進ませました。この条件では先にも述べたように、二五度に戻してからだいたい二カ月で孵化するのですが、個体ごとにばらつきがあるので、本当に孵化直前の卵だけを得るために、実体顕微鏡の下で見て、複眼や脚、腹部表面の剛毛が卵殻《らんかく》から透けて見えるようになったものを集めました。このようにして集めた孵化直前の卵を湿度一〇〇パーセントにさらすと、クマゼミでもアブラゼミでも三～四日でほとんどの卵が孵化しました。

そこで、この孵化直前の卵を二五度で、だいたい晴れた日の昼間に相当する湿度四三パーセントと、より高い湿度七五パーセントにさまざまな期間さらした後、湿度一〇〇パーセントに移して孵化するかどうかを観察しました。この実験では湿度一〇〇パーセントに移してから短時間で孵化するのが適切な反応です。つまり、野外で雨が降った時に迅速に反応して孵化できることが、軟らかい土に潜って植物の根にたどりつくために重要だからです。図8-2では、一日以内に孵化したものを黒く塗っています。

この実験で孵化せずに死んだものはもちろんですが、湿度一〇〇パーセントに移す前に孵化したもの(図では白ぬき)や、湿度一〇〇パーセントに移してから一

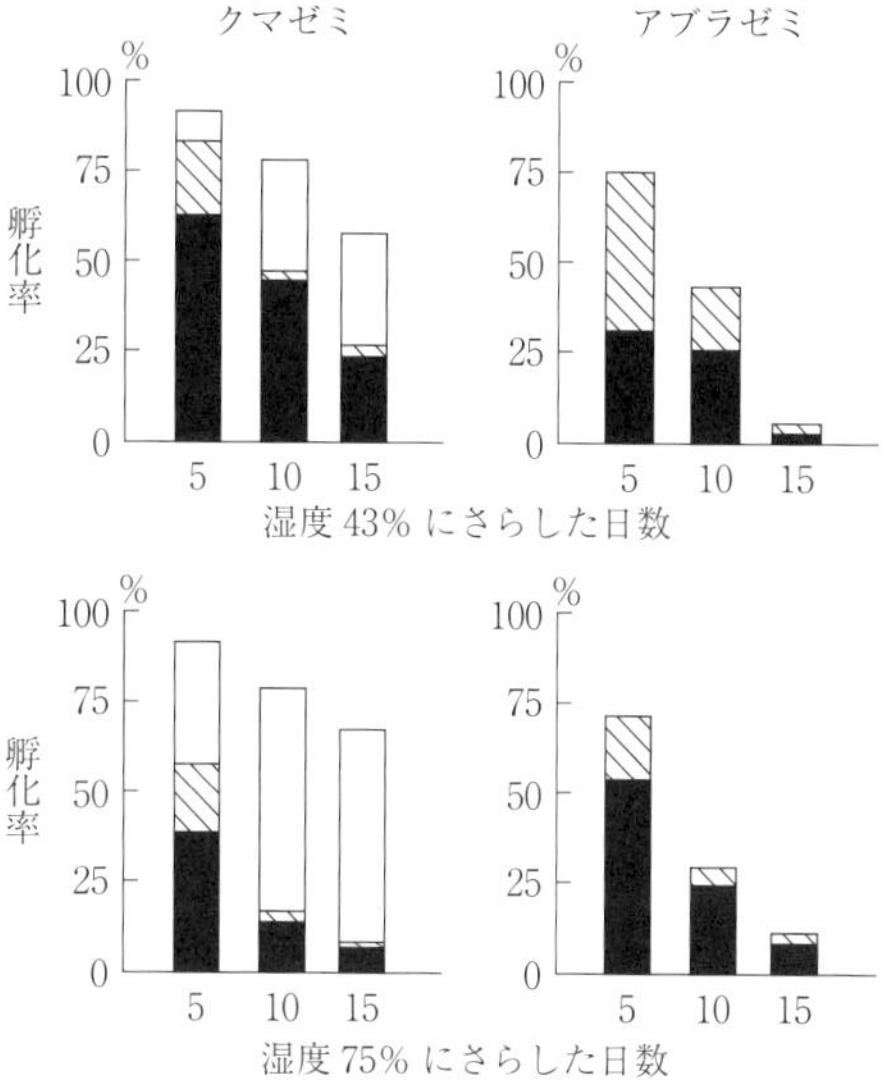

図 8-2　クマゼミとアブラゼミの孵化直前の卵の乾燥に対する耐性(Moriyama and Numata 2010, Entomol. Sci. 13: 68-74 より)
(注)湿度 100% に戻してから 1 日以内に孵化したものを黒く塗り，それ以降に孵化したものを斜線で示す．白抜きは湿度 100% に戻す前に孵化したもの

日以上たってから孵化したもの(図では斜線)も、野外では生きのびることができません。ですから、図で黒く塗りつぶした「湿度一〇〇パーセントにさらされてから一日以内に孵化したもの」だけが適切に土に潜ることができると考え、黒く塗りつぶした部分の割合に注目して図8-2を見てください。

クマゼミでもアブラゼミでも湿度四三パーセントに五日間さらしてから湿度一〇〇パーセントに移しても多くのものが孵化しましたが、アブラゼミでは斜線の、一日以上たってから孵化したものが多く、適切な反応をした虫の割合はクマゼミが高くなりました。この乾燥期間を一〇日、一五日と長くしていくと、アブラゼミは死ぬものが増えてゆき、一五日間乾燥させたものではほとんど孵化できませんでした。

一方、クマゼミは死ぬものはさほど多くありませんでしたが、湿度一〇〇パーセントに移す前に孵化してしまうものが増えました。それでも、いずれの条件でもクマゼミの方が適切な反応をした虫の割合が高くなりました。

一方、より穏やかな湿度七五パーセントにさらした場合(図8-2の下段)、クマゼミでは湿度一〇〇パーセントに移す前に孵化するものが多く、むしろアブラゼミの方が適切な反応をした虫の割合が高くなりました。したがって、乾燥した日が長く続く場合にはクマゼミの方がアブラゼミよりも有利で、湿った日が長く続く場合はアブラゼミの方が有利と言えるでしょう。野外では晴れた日でも夜には湿度がある程度高くなりますからこの実験のように一日中一定の湿度ではないし、同じ湿度の日ばかり長く続くこともありません。そして、実際にクマゼミやアブラゼミが孵化する梅雨の時期には、晴れた日が長く続くことはまれです。

たとえば、二〇一五年の場合、大阪でその日の最低湿度(たいていの場合昼間)が四三パーセント以下だったのは、六月に六日ありましたが、二日連続はなく、七月にはありませんでした。ですから、この実験で湿度四三パーセントに長く保ったのは、実際に野外で起こる状況よりもかなり乾燥の程度の著しい条件でした。したがって、乾燥が進むとアブラゼミよりもクマゼミの方が有利になるとしても、クマゼミの増加を湿度の低下だけで説明するのは難しいように思います。

第9章

土の硬さの影響

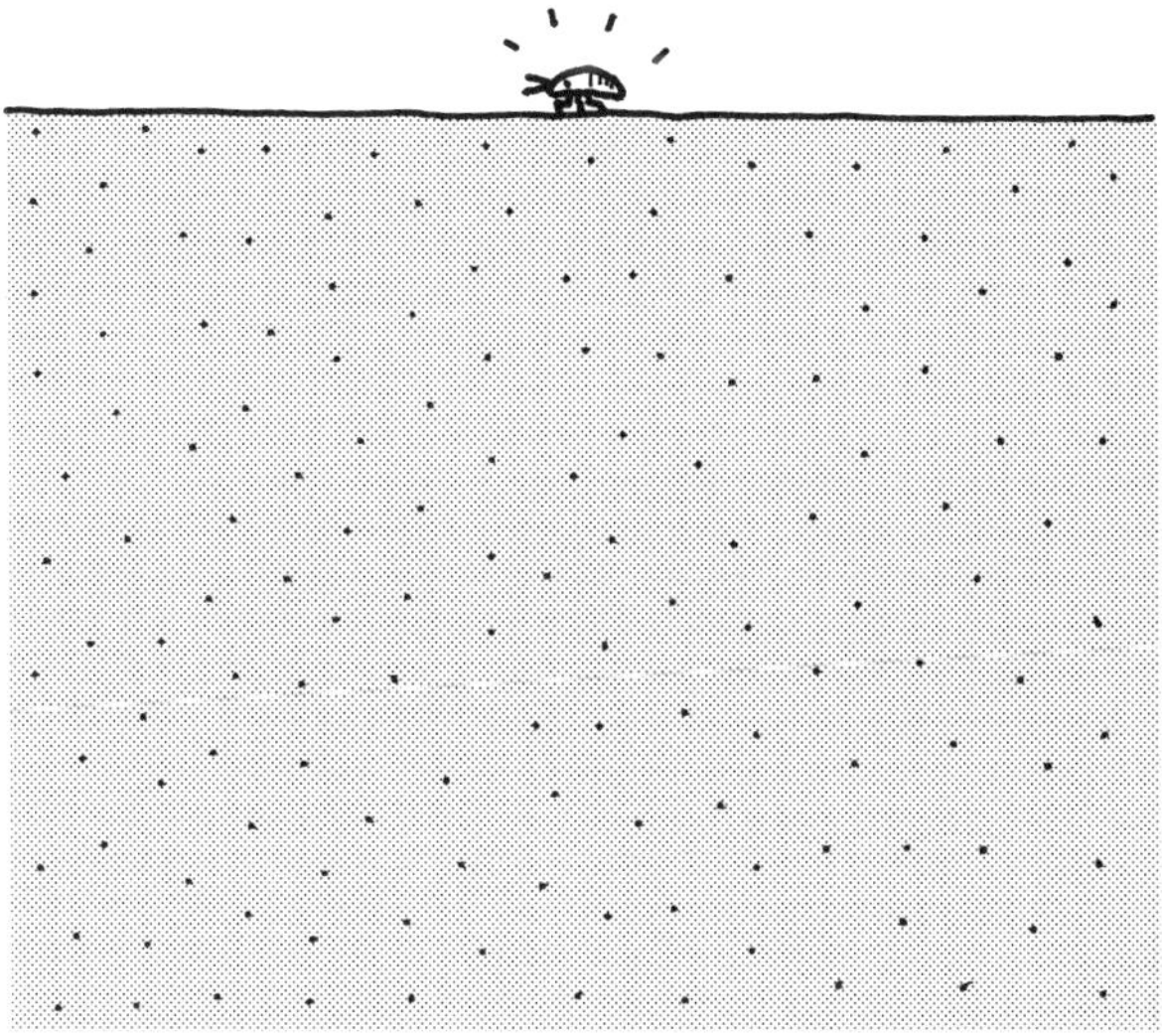

セミの分布と土の硬さ

第1章に書いたように、セミのぬけがら調査が、その土地でどのようなセミが育っているかの実態を的確に表します。初宿さんらは一九九三年からずっと靭《うつぼ》公園(大阪市西区)でぬけがら調査を続けていましたし、海外を含むたくさんの都市でどのようなセミのぬけがらがどのくらい見つかるのかも調べました。わたしたちもこれにならって大阪市内だけではなく府下の各地でぬけがら調査を行いました。どのようなところにクマゼミが多いのかを観察すればクマゼミが増えた原因がわかるのではないかと考えたからです。その結果は初宿さんらのものとほぼ同じでした。

つまり、大阪市内の公園では少数のアブラゼミと圧倒的多数のクマゼミのぬけがらが見られたのに対し、枚岡山の標高の高いところにはクマゼミはおらず、アブラゼミ、ニイニイゼミ、ツクツクボウシ、ミンミンゼミ、ヒグラシという他の五種のセミのぬけがらが採れました。大阪市内の公園と枚岡山の標高の高いところでは違いは温度や湿度以外にもたくさんあります。そのうちのいったい何がそこにいるセミの種類を決めているのでしょうか。

そのうちに森山さんが、「土の硬さが重要なのではないか？」と言いだしました。クマゼミが圧倒的に多い大阪市内の公園は、木がまばらで全体的に乾燥した印象があり、また落ち葉などの清掃が行き届いている上に人の足で踏み固められているために土が硬いように見えました。一方で郊外の、クマゼミのいないところや、いても少ないところは、木がうっそうと茂り、地面には枯葉が堆積し、土にはそれが分解されたものが含まれるため柔らかいように見えました。第8章に書いたように大阪では過去六〇年間に湿度が著しく低下しています。湿度が低下すれば土は硬くなります。一齢幼虫《いちれいようちゅう》が土に潜るのは雨の日ですが、乾燥して硬くなった土は雨が降ってぬれたとしても、軟らかい土よりも潜りにくいに違いありません。もし、クマゼミの一齢幼虫だけが硬い土に潜れるなら、土の硬いところにクマゼミが多くなったことを説明できるかもしれません。

そこで、わたしたちは採集地点の数を増やして改めてぬけがら調査を行うと同時にその場所の土の硬さを測定し、さらにクマゼミを含む何種かのセミの一齢幼虫が土に潜る力を比較する実験をしようと考えました。果たして土の硬さを簡単に測定できるのだろうかと思いましたが、同じ生物地球系専攻に所属していた地質学者の三田村宗樹さんに相談したら、そのための道具があることがわかりました。それは「山中式土壌硬度計」と呼ぶもので、全体が

図9-1　山中式土壌硬度計
(写真提供：松本圭司)

金属でできており、円筒形の本体内にばねがあり、その先に円錐形《えんすいけい》のコーンがついています(図9-1)。コーンを下にして地面に押し付けると、ばねが押されてコーンが本体の中に引っ込みます。コーンがどのくらい本体に引っ込むかを数値化して土の硬さの指標とするものです。コーンは軟らかい土には容易に刺さって、少ししか本体に引っ込みませんが、硬い土にはあまり深く刺さらずにばねが押されて本体に引っ込みます。この引っ込み具合をもとに、土の硬さを客観的な数値で示すことができます。

二〇〇八年に以下の三二地点でぬけがら調査と土の硬さの測定を行いました。それは、大阪市内の小さな公園六カ所(城南公園、宰相山公園、真田山公園、空清町《からきよちょう》公園、高津《こうづ》公園、生玉《いくたま》公園)、大阪市内の大きな公園である大阪城公園の三地点、同じく長居公園の三地点、大阪市立大学杉本キャンパスの四地点、堺市の大きな公園である大泉緑地の三地点、そして森林地域から東大阪市枚岡山の標高八〇メートルくらいの四地点、標高三〇〇メートルくら

い の六地点、箕面《みのお》市《し》にある箕面《みのお》山《やま》の標高二五〇メートルくらいの三地点です。大阪市内の公園と大泉緑地はいずれも標高が二十数メートルより低い平地にあります。大泉緑地は郊外ではありませんが、一〇〇ヘクタール以上ある広大な敷地にたくさんの樹木が植えられており、大阪市の中心部の公園とはかなり様子が異なっています。この年のセミが羽化《うか》する前に、それぞれの調査場所にある前年までのぬけがらを取り除いておきました。そして、この年のセミの羽化が終わるまで何回か調査地を訪れてぬけがらを回収しました。そして土の硬さを山中式土壌硬度計で測りました。その他、そこにすむセミの種類に影響しそうなさまざまなデータも取りました。

ぬけがら調査の結果を図9-2に示します。大阪市内の小さな公園六カ所は一つにまとめ、大阪城公園内の三地点なども一つにしてあります。予想通り、大阪市内ではどこでも少数のアブラゼミと圧倒的多数のクマゼミのぬけがらがありました。なかでも長居公園と大阪市立大学はほとんどがクマゼミでした。かつては大阪市内にもニイニイゼミやツクツクボウシがふつうに見られましたが、今回の調査ではまったく見つかりませんでした。

大泉緑地は、大阪市内とは異なりクマゼミよりもアブラゼミの方が多く、少しですがツクツクボウシのぬけがらも見つかりました。

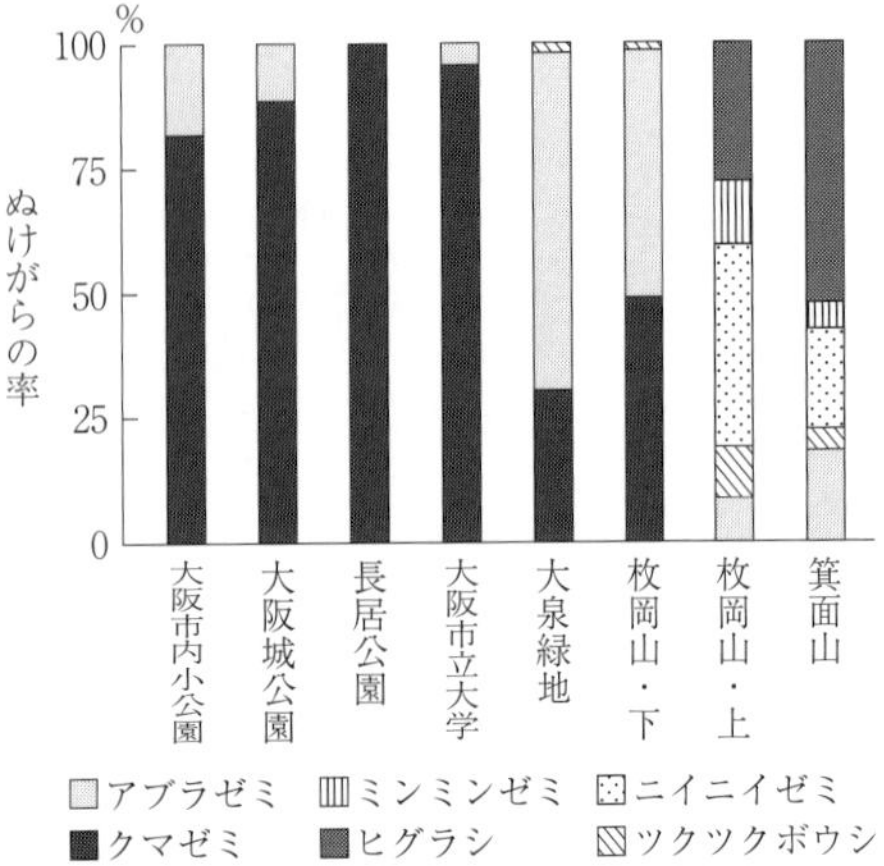

図 9-2　ぬけがら調査の結果(Moriyama and Numata 2015, Zool. Lett. 1: 19 より)

枚岡山は二カ所で結果が異なりました。都市部に近い標高の低いところ(枚岡山・下)は、だいたい大泉緑地と同様でアブラゼミとクマゼミが多く、少しだけツクツクボウシが見つかりました。ところが同じ枚岡山でもより標高の高いところ(枚岡山・上)ではクマゼミのぬけがらはまったく見つからず、他の五種のものが見つかり、多い順にニイニイゼミ、ヒグラシ、ミンミンゼミ、ツクツクボウシ、アブラゼミでした。

箕面山の結果は枚岡山の標高の高いところに似ていましたが、ヒグラシが多くて半分くらいを占めていました。この結果は、初宿さんらが過去に行ったぬけがら調査の結果とも、わたしたちが前年までに行っていた結果ともだいたい一致していました。

さらに今回は、同じ公園の中でも何カ所かの調査を行ったので、実際に同じ公園の中の違った地点で結果がかなり異なることがわかりました。そして、それぞれの場所の土の硬さの他、そこにすむセミの種類に影響しそうなさまざまなデータも取っています。そこで、いったいどのような条件がクマゼミの割合と関係があるのかを分析しました。その結果、都市部か森林地域かはクマゼミの割合に影響がありましたし、その場所の標高や地面の傾斜、空のどのくらいが樹木に覆われているか、「半径一キロメートルの範囲で舗装された道路や建物が占める割合」なども影響がありました。そして、予想通り土の硬さの影響が大きく分析結果に表れていました。

大阪市内の公園はいずれも標高が低くて地面の傾斜が少なく、空はあまり樹木で覆われておらず、周囲には水を通さない地表面が多くて、土は硬いのです。そして、大阪市内の公園はどこでもクマゼミが多いので、どの指標をとってもクマゼミの割合と関係があることになり、そのうちでどれが重要なのかわかりません。しかし、このような場合にも、影響がありそうなさまざまな要因のうちどれが、あるいはどれとどれが一番クマゼミの割合を説明できるのかを、数学を使って選び出す方法があります。ここではその方法の詳細は説明しませんが、この方法によって、さまざまな要因の中でも土の硬さがもっともクマゼミの割合と関係性が高いことがわかりました。個別の場所を見ても、大阪市立大学の中で土が比較的軟らかい地点にはクマゼミ以外にアブラゼミのぬけがらが一五パーセントくらいありましたが、より土が硬い他の二地点はすべてクマゼミでした。同様に枚岡山の標高の低いところでも、土が比較的軟らかい地点ではアブラゼミの方が多くクマゼミの割合は九パーセントくらいでしたが、より土が硬い他の二地点ではクマゼミが六〇パーセント以上を占めました。

幼虫が土に潜る能力

わたしたちは、このぬけがら調査と並行して、さまざまなセミの一齢幼虫が硬さの異なる土に潜る能力を比較しました。硬さが異なる土を用意するのは難しかったので、同じ土を使って、押し固める程度を変えることで代用しました。大阪市立大学のキャンパスで土を集めて乾燥させました。この土を円柱形の透明なプラスチック容器に入れて、一定量の水を加え、四種類の高さになるように押し固めました。強く押し固めると、土の粒が密になって、硬くて潜りにくい土が再現できます。この四種類の硬さの土の上に、クマゼミ、アブラゼミ、ツクツクボウシ、ニイニイゼミの一齢幼虫を放そうと考えました。

しかし、野外で種《しゅ》ごとに一齢幼虫を実験に必要な数だけ採集することはできません。そこで、野外で雌《めす》の成虫を採集して卵を産ませ、その卵から孵《かえ》った幼虫を実験に使いました。すでに書いたように、クマゼミなど多くのセミでは、卵は休眠に入り冬を越すまで孵化《ふか》しません。また、クマゼミ以外のセミも、やはり雨の日に孵化するしくみをもちます。そこで、クマゼミ、アブラゼミ、ツクツクボウシの卵を、野外に置いて冬を越させた後に二五度に移して水を与え、孵化した幼虫を集めました。ニイニイゼミの卵は休眠をもたないのでそのまま二五度において、一定期間後に水を与え孵化した幼虫を集めました。そして、これらの幼虫を、さまざまな硬さの土の上に放して、どのくらいの時間で土に潜って姿が見えなくなるのかを観察しました。

第8章では、高い湿度に移してから一日以内に孵化することを適切な反応とみなしましたが、野外では一齢幼虫は、一時間以内に土に潜れないとアリに食べられたり乾燥したりして死んでしまいます。そこで、今回は一時間以内に潜れたかどうかをグラフに示します(図9-3)。図9-3では右端に示した一番硬い土には、アブラゼミ、ツクツクボウシ、ニイニイゼミの幼虫は一時間以内にはほとんど潜ることができず、少数のクマゼミのみが潜れました。二番目に硬い土では、クマゼミの半分近くが潜ることができ、他の三種も少しは潜ることができました。三番目に硬い土には、クマゼミのほとんどが潜ることができ、他のセミでもある程度は潜れました。クマゼミはこの土にほとんどが潜れたので、一番軟らかい土では実験しませんでしたが、他の三種のセミも一番軟らかい土には半分以上が潜ることができました。

このようにして、硬い地面にはクマゼミしか潜れないことがわかりました。

このことと、ぬけがら調査で地面が硬いところでクマゼミの割合が高かったことを考え合

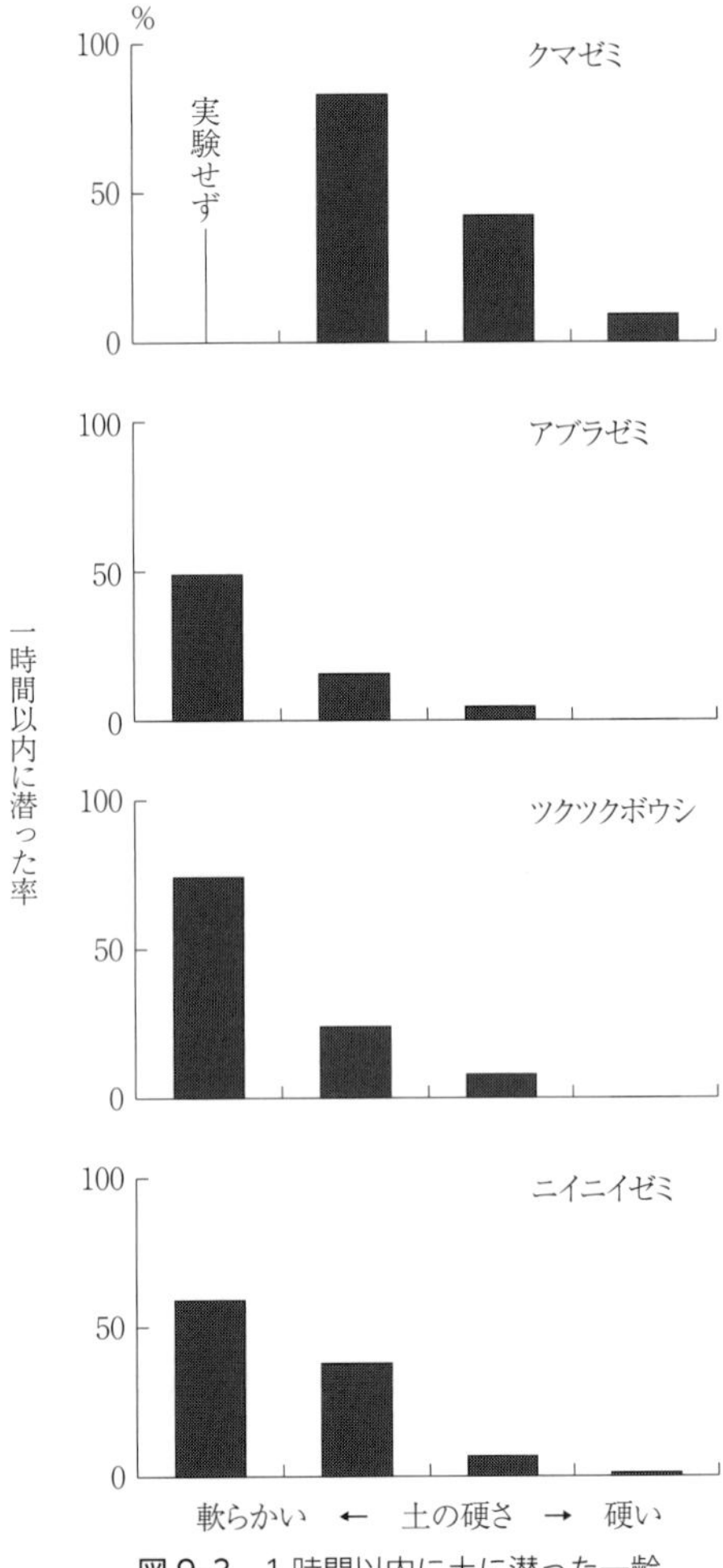

図 9-3　1 時間以内に土に潜った一齢幼虫の割合(Moriyama and Numata 2015, Zool. Lett. 1: 19 より)

わせると、都市では温暖化が進み乾燥した上、公園などの清掃も行き届いて落ち葉などの有機成分を含む軟らかい土がなくなったこと、さらには人によって地面が踏み固められていることが、他のセミの一齢幼虫が土に潜りにくい状況を作り出し、硬い土にも潜れるクマゼミが増加した一つの原因と言えるでしょう。

第10章

梅雨に孵化するために

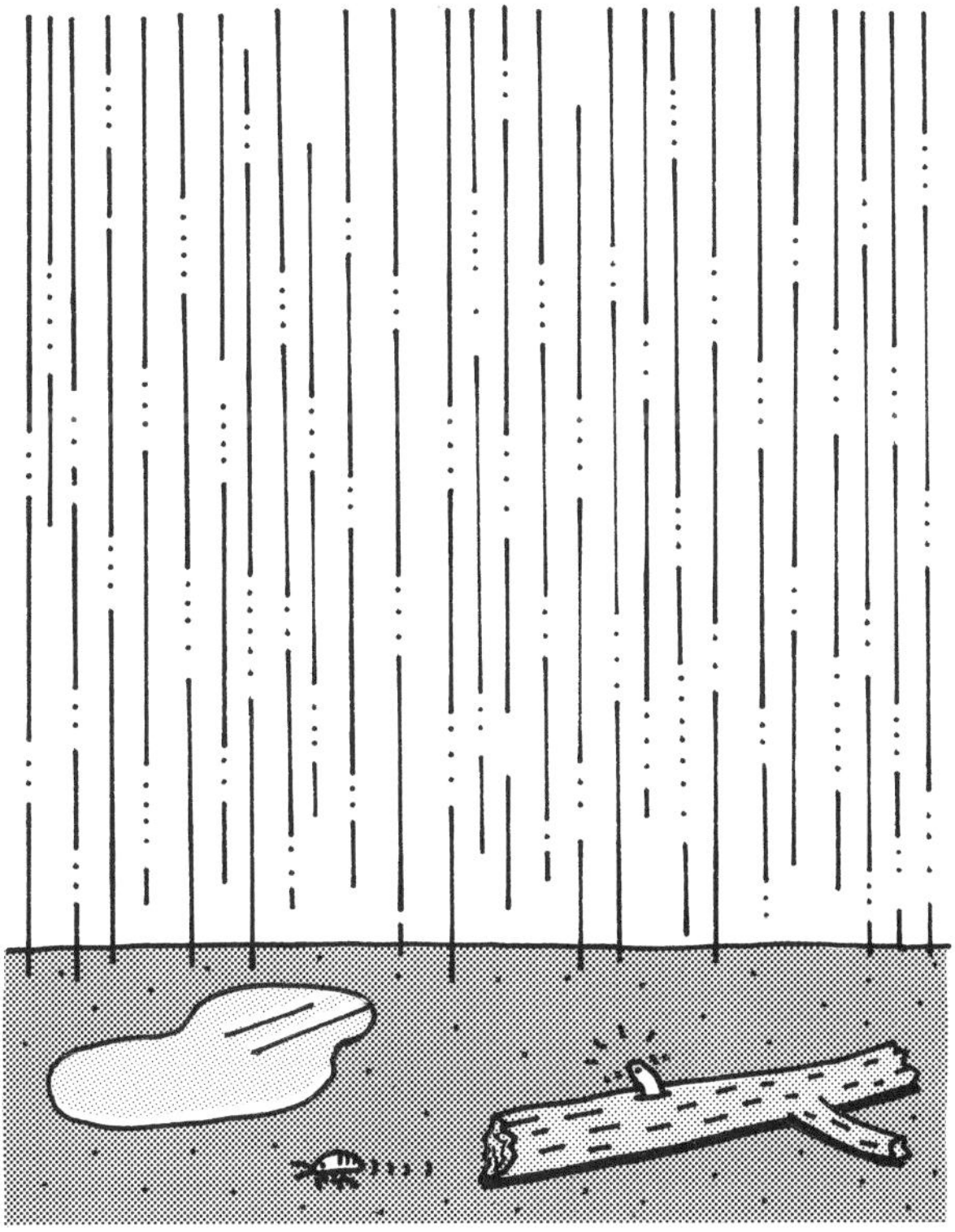

雨季に孵化する重要性

これまでに何度も書いたようにクマゼミの卵は雨の日に孵化《ふか》します。それをもたらすのは雨の日の高い湿度に反応して孵化するしくみです。そして、なぜ雨の日に孵化するのかと言うと、晴れた日の乾いた地面は硬くてなかなか土に潜れないため、アリに捕食されたり、乾燥したりして死んでしまうからです。雨の日の高い湿度に反応して孵化するのだから、孵化できる状態まで発生が進むのはどんな季節でもかまわないわけではありません。孵化できる状態で雨を待つにも限界がありますので、頻繁に雨が降る季節に孵化可能な状態まで発生が進むのが望ましいのです。

高校生の時、地理の時間に「ケッペンの気候区分」を習いました。ドイツの気候学者のケッペンが温度や降水量によって世界の気候を類型化したものです。これによると、温帯は主に四つの気候区に分けられます(図10-1)。大阪を含む西南日本は「温暖湿潤気候(Cfa)」になります。大陸の東側に見られる、温帯の中でも夏暖かく、一年中雨が降る気候です。一方、日本の地理では太平洋側は夏に雨が多いと習いました。つまり大阪はケッペンの気候区

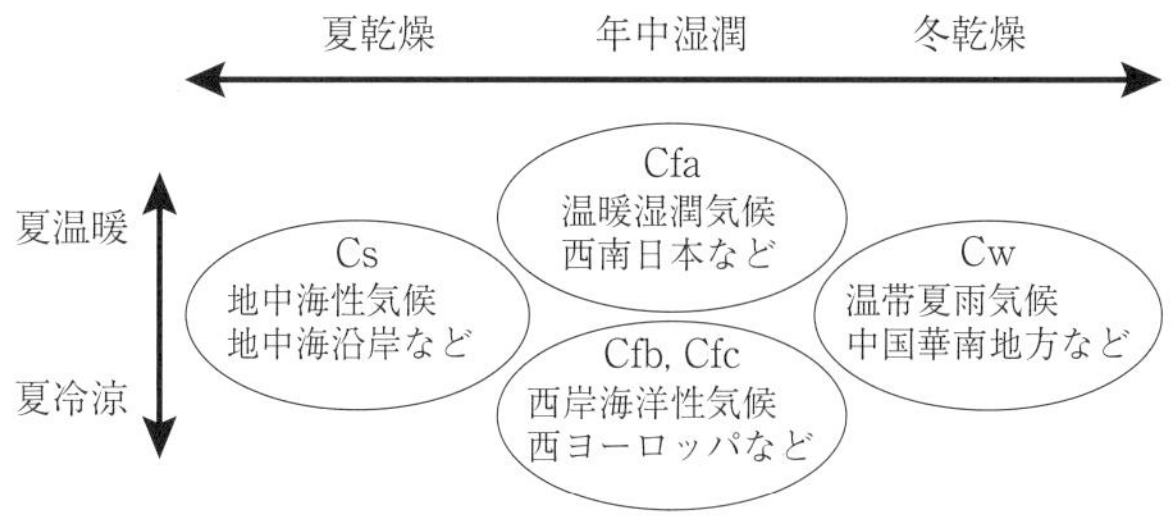

図 10-1　ケッペンの気候区分（温帯のみを示す）

分では中国の華南地方などのような温帯夏雨気候（Ｃｗ）ではなく、一年中雨が降る気候区に入りますが、その中ではとくに夏に雨が降る地域です。さらにもっと詳しく見ると、夏の間ずっと雨が多いわけではありません。図10-2上のグラフを見てください。灰色は、一九〇一年から二〇〇九年の雨の日の割合を五日ごとに平均して示しています。ここでは降水量一ミリメートル以上の日を雨の日としています。このように、六月から七月前半の梅雨《つゆ》と九月の秋の長雨《ながさめ》の季節に雨が多く、七月後半から八月はむしろ晴れた日が多くて乾燥しています。すなわち、大阪の気候は世界の他の地域との比較では一年中雨が降る気候に入りますが、細かく見ると「初夏と初秋に顕著な雨季が二回ある気候」と言ってよいでしょう。

　雨の季節に孵化すると都合がよいのはクマゼミに限らず、どのセミにも共通なので、セミはみな雨季に孵化するのがよいことになります。では実際にはどの季節に孵化しているのでしょうか。クマゼミ、アブラゼミ、ミンミンゼミ、ツクツクボウシ、ニイニイゼミの五種について、雌《めす》成虫を採集して卵を産ませ、大阪の自然条件において、いつ孵化するのかを調べました。図10-2の下を見てください。白丸は二〇〇七年、黒丸は二〇〇八年の結果を示しており、丸が五〇パーセントが孵化した日、横線は五パーセントが孵化してから九五パーセントが孵化するまでの範囲を示します。つまり全体の九〇パーセントが横線の範囲に孵化しました。第9章にも書いたように、ニイニイゼミの卵は休眠をもたないのでその年のうちに孵化しましたが、その時期は九月の雨の多い時期にあたりました。他の四種の卵はすべて休眠に入って冬を越し、翌年に孵化しました。早く孵化したものからミンミンゼミ、ツクツクボウシ、アブラゼミ、クマゼミの順でしたが、いずれもだいたい梅雨の季節に該当しています。一番遅かったクマゼミだけ、孵化時期の後半には梅雨が終わっていました。

セミは雨期に孵化するだろうという予想通り、五種ともに雨季に孵化しており、ニイニイゼミは秋の長雨、他の四種は梅雨の時期に孵化していました。ここで気になったのはクマゼミの孵化だけが梅雨の終わりにかかっていたことです。クマゼミの卵は冬の間に休眠を終了して、春になって温度が上がると発生が再開し、孵化できるまで発生するのに時間がかかります。

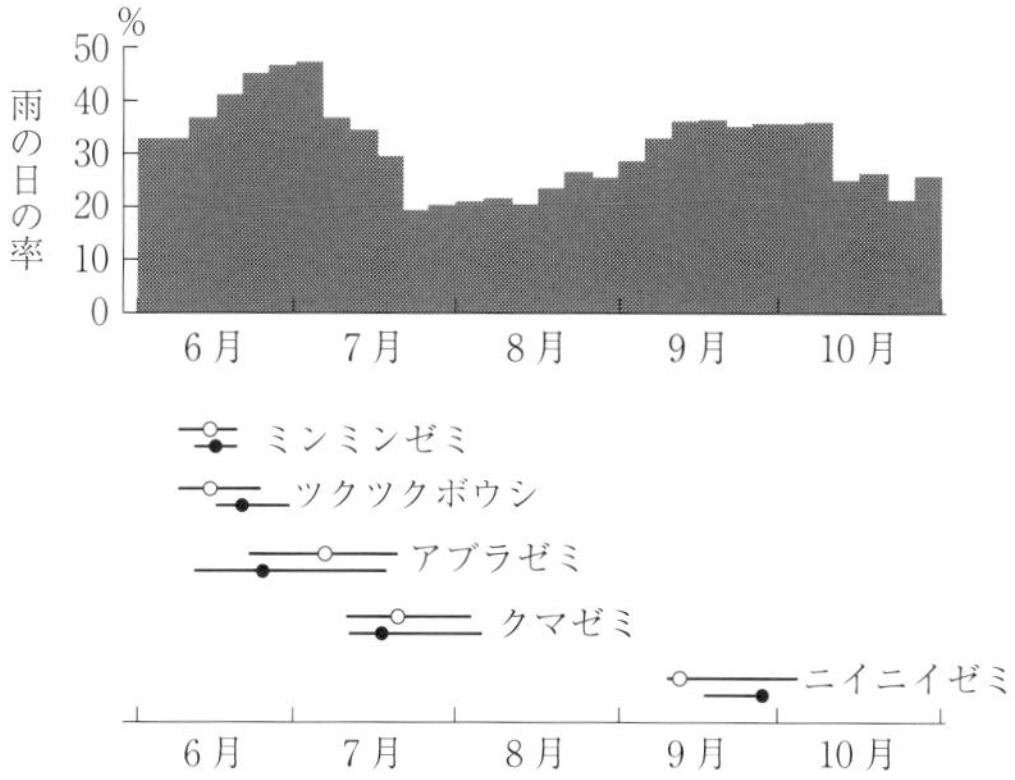

図10-2　大阪における雨の日の割合(上)と5種のセミの孵化時期(下) (Moriyama and Numata 2011, Zool. Sci. 28: 875-881 より)

それでは、人工的に違った時期にクマゼミの卵を孵化できる状態にしてやればどうなるでしょうか。ここでクマゼミの発生速度について考えます。第3章に書いたように、現在地球上に生息している動物の中で、環境温度が変化してもほぼ一定の体温を保つ動物、恒温動物は哺乳類と鳥類です。つまりそれ以外の動物はすべて変温動物で、体温はほぼ環境温度に等しく、代謝も発生速度も温度が高い方が速く進みます。クマゼミの卵においても、休眠が終わってから孵化できるまで発生する過程は、温度が高いほど速く進みます。わたしたちは、この性質を利用して違った時期にクマゼミの卵を孵化できる状態にしてやろうと考えました。二〇〇七年の二月にクマゼミの卵が産まれた枯れ枝をたくさん集めてきました。この時期の卵では、すでに休眠は終わっているので、温度を上げさえすれば発生は進みます。そこでこれらを、発生の進まない一〇度においておき、半月ごとに発生の進む二五度に移しました。二五度に移して約六〇日たつと、発生が進んで一齢幼虫《いちれいようちゅう》のからだができているのが卵の外からも見えるようになります。この状態の卵を今度は野外に移しました。そこは温度が自然のままであるだけでなく、雨が降ればかかるような場所です。

その結果を図10-3に示します。下向きの矢印の日に野外に移し、図10-2と同様に丸は五〇パーセントが孵化した日、横棒は五パーセントが孵化してから九五パーセントが孵化するまでの範囲を示します。この時期の日ごとの降水量を、上に灰色の棒グラフで示しています。すると、五月一日から六月一六日までに野外に移したものは、五月から七月に多くのものが幼虫として孵化しました。この時期には適当な頻度で雨が降っていたせいでしょう。七月一日に野外に移したものは(図では上から五番目)、もっとも自然条件に近い時期に孵化したのですが、孵化率は半分くらいでむしろそれまでのものよりも低くなりました。八月一日に野外に移したものは(図では下から三番目)、一部が八月中に孵化しましたが、ほとんどのものは孵化できずに死にました。実際この時期には雨が少なかったので、それが原因だと考えられます。

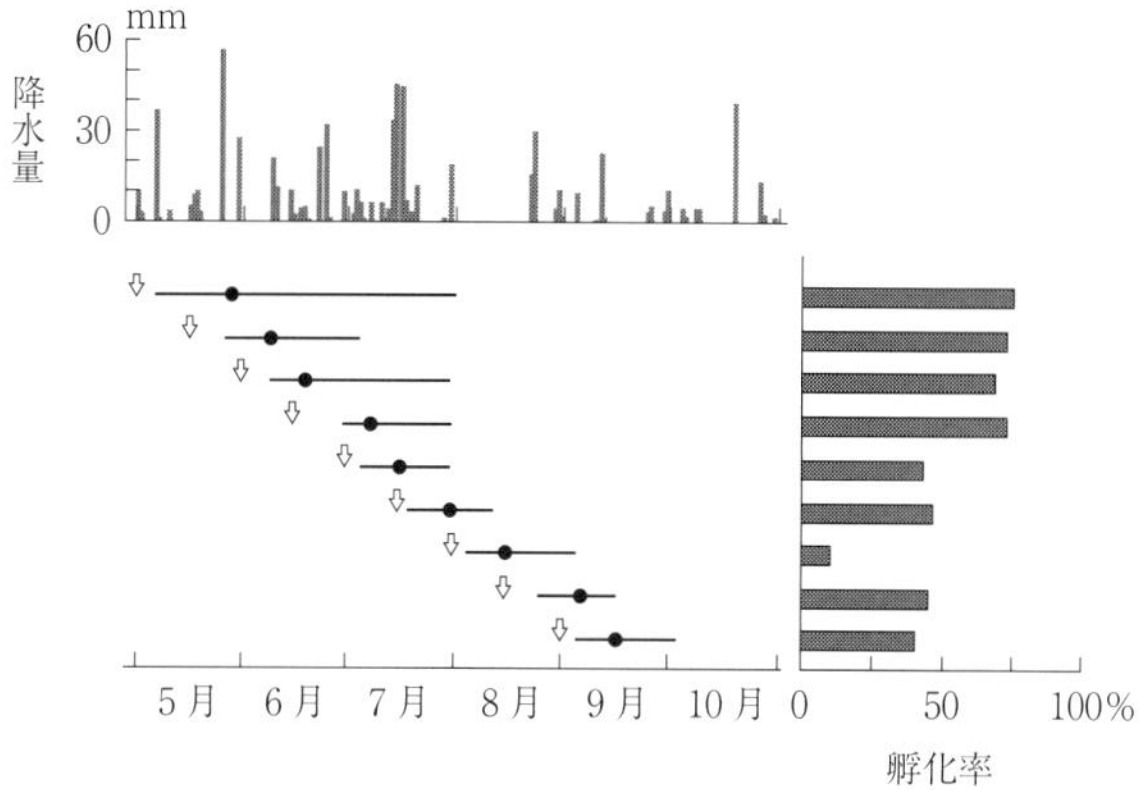

図 10-3　クマゼミの孵化可能な卵を大阪の自然条件に移した場合の孵化(Moriyama and Numata 2011, Zool. Sci. 28: 875-881 より)

さらに、この八月に野外に移したものが孵化できなかった原因は本当に雨が降らなかったせいなのかを確認する実験を行いました。上の実験と同様に八月一日に発生の進んだ卵を野外に移したのですが、この場合には雨のあたらない棚に置いて、一日、五日、一〇日という一定の間隔で水をかけてやりました。つまり、温度は自然と同じで人工的に雨の頻度を変えてやったわけです。図10-4に示すように、この人工的な雨の間隔が一日(つまり毎日水をかけたもの)では大部分が孵化し、五日でも半数近くが孵化しましたが、間隔を一〇日にすると孵化する幼虫は少なくなりました。クマゼミの卵の発生が、現在野外で見られているよりも遅れた場合、一齢幼虫のからだが完成して孵化できるようにな

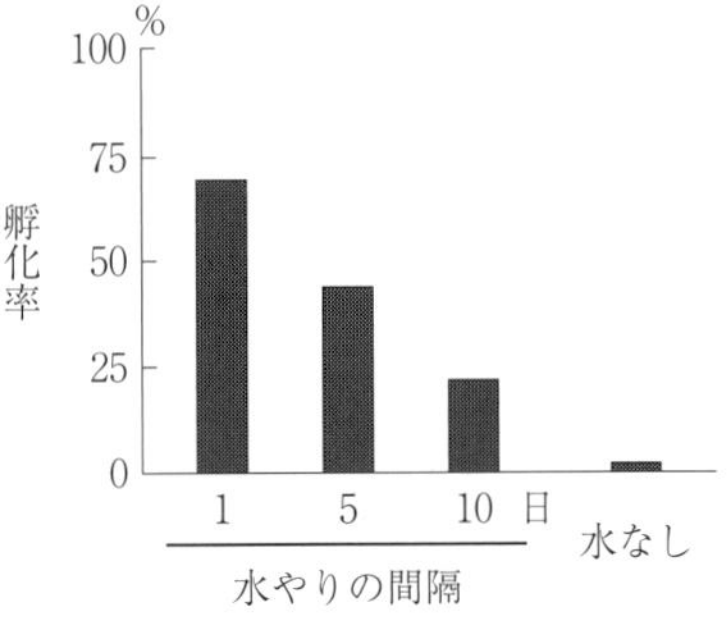

図 10-4　クマゼミの孵化可能な卵を8月1日に大阪の自然温度に移し，一定の頻度で水をかけた場合の孵化(Moriyama and Numata 2011, Zool. Sci. 28: 875-881 より)

った時には雨が降らないため孵化できないことになります。すなわち、梅雨が明けてから孵化可能になったのでは、クマゼミは生きのびられません。

温暖化と梅雨の時期

繰り返しになりますが、卵の休眠が終わってから孵化できるまで発生する過程は、温度が高いほど速く進みます。したがって、大阪が今より涼しかった時代には、クマゼミの卵の発生が進んで孵化可能になっていたのは、今よりも遅い季節だったはずです。もしも梅雨の時期が今も昔も変わらないならば、かつてはクマゼミが孵化可能になっていたのは梅雨が終わってからだったかもしれません。もしそうなら、暑くて乾燥した時期になってしまうので、クマゼミの卵の大部分は孵化できず、仮に孵化できたとしても一齢幼虫は硬い土に潜れずに死んでいたことになります。温暖化によって、クマゼミの発生が速く進み、孵化できる季節が早まって梅雨と一致したのなら、幼虫がうまく土に潜って木

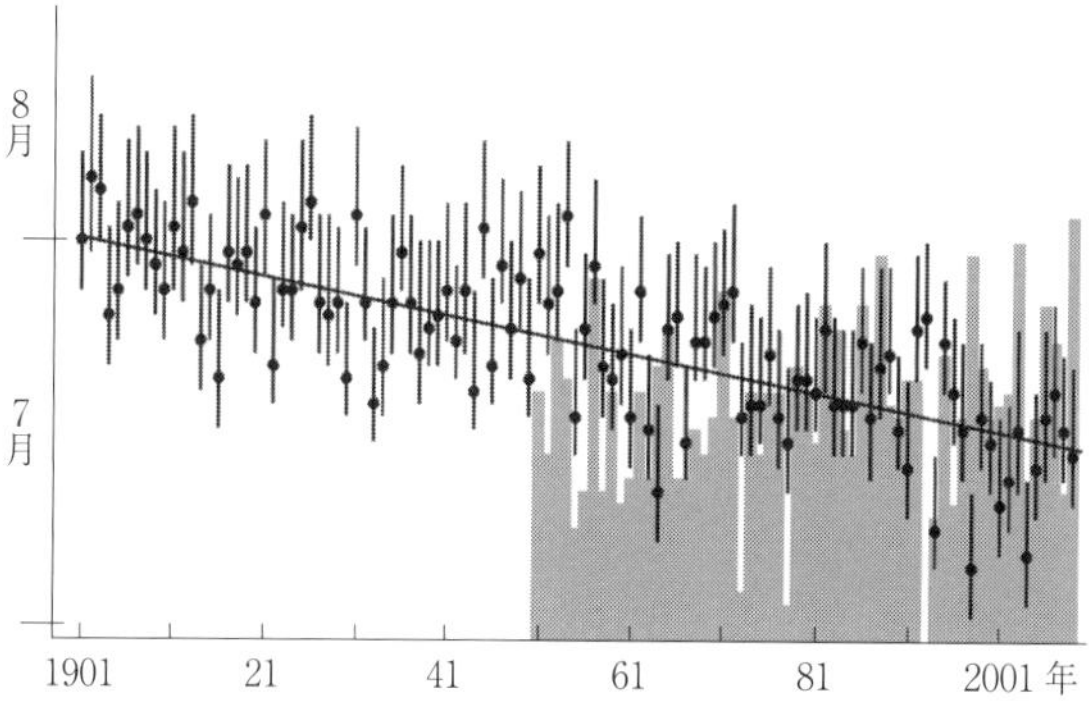

図 10-5　大阪における梅雨の時期(灰色部分)とクマゼミが孵化可能になる時期の関係(Moriyama and Numata 2011, Zool. Sci. 28: 875-881 より)

の根にたどり着ける可能性が高くなり、クマゼミの増加につながったと考えることができます。わたしたちはこの可能性を探ることにしました。

まず、梅雨の時期が変わったかどうかを調べました。気象庁(当初は中央気象台)は一九五一年以降、毎年梅雨入り宣言と梅雨明け宣言をしています。これに基づいて近畿地方の梅雨の時期を、図10-5に灰色の棒で示しました。このグラフの縦軸は六月三〇日からになっているので、毎年五月の終わりか六月の梅雨入りの日はグラフの範囲より下になります。そして、灰色の棒の上端が梅雨明けの日を示しています。ただし、一九九三年には五月三〇日に梅雨入り宣言が出ましたが、何と梅雨明け宣言のないままに梅雨が終わってしまったのでこの図に棒を示せませんでした。この図から明らかなように、梅雨明けの日は年によって早かったり遅かったりしますが、全体としてみたら、一九五一年以降梅雨の終わる時期は早くも遅くもなっていないことがわかります。温暖化は梅雨の時期に大きな影響を与えなかったようです。

過去の孵化時期の推定

それでは温暖化が進む前には、クマゼミはいつ孵化できるようになっていたのでしょうか。今より涼しかったのですから、当然今よりも遅かったはずです。図10-2に示したわたしたちの実験と同じことを過去にしている人がいればよかったのですが、残念ながらそのような研究はないし、もちろん過去にさかのぼって実験することもできません。そこで、わたしたちは現在のクマゼミを使って室内実験を行い、その結果から過去のクマゼミの孵化時期を推定することにしました。クマゼミの雌成虫に産卵させ、その卵を二五度に六〇日間おいた後、一〇度に一二〇日間おいて、休眠を終わらせました。この休眠を終えた卵をさまざまな温度に移して、いつ孵化するのかを観察しました。

その結果から、温度と「休眠の終わったクマゼミの卵が孵化までにどのくらいかかるのか」の関係を得ることができました。ここには書きませんが、この関係は数式で表すことができます。これは実験室の一定温度のもとで得られたものですが、これをもとに野外の変化する温度条件での孵化までの時間を推定することができます。気象庁によって記録されている二〇世紀に入ってからの大阪の気温データにもとづいて、「クマゼミが孵化可能になる時期」、言葉を変えると「この時期に雨が降るとクマゼミが孵化する時期」を推定し、図10-5(前掲)に黒丸と縦線で示します。図10-2や図10-3と違って線は縦方向になっていますが、同様に、縦線の下端は五パーセント、黒丸は五〇パーセント、上端は九五パーセントが孵化可能になる時期です。時代が進むにつれて温暖化が進行し、この縦線はだんだん下がっていきます。実際に孵化時期を調べた図10-2の結果と同様に、近年はこの縦線がだいたい梅雨の時期の後半におさまっていますが、時代をさかのぼって一九五〇年代くらいになると縦線は梅雨の時期の終わりにわずかにかかるくらいになります。それ以前には梅雨入り宣言、梅雨明け宣言のデータがありませんが、二〇世紀前半ではクマゼミが孵化できるまで発生が進んだのは、梅雨の終わりごろだったと推定できます。もしそうだとすると、かつてはクマゼミの幼虫は、近年のようにうまく雨の日に孵化することができなかったと考えられます。

過去の気象データは気温だけではありません。降水量のデータもあります。そしてクマゼミの卵は孵化できるようになってから一〇日以内に水を与えると、ある程度はうまく孵化で

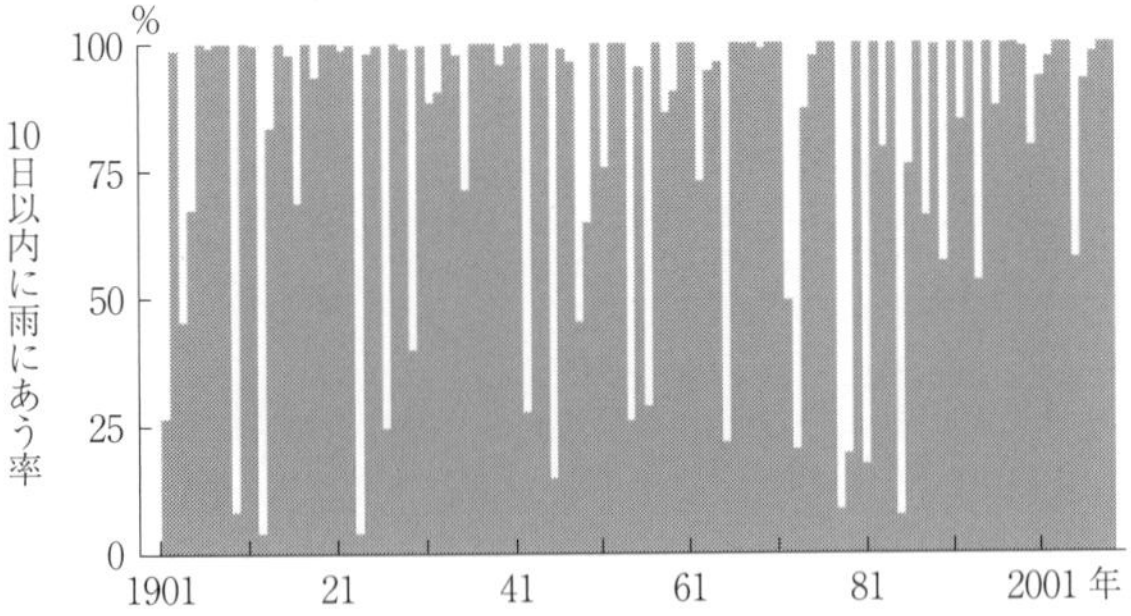

図 10-6　大阪の自然条件において孵化できる状態のクマゼミの卵が 10 日以内に雨にあう割合(Moriyama and Numata 2011, Zool. Sci. 28: 875-881 より)

きることから、「クマゼミが孵化可能になってから一〇日間に降水量一ミリメートル以上の雨が降ったら孵化できた」という仮定のもとに、どのくらいの卵が孵化できたかをグラフにしました(図10-6)。そうすると、かつては何年かに一回、ほとんど孵化できない年がありました。したがって、これらの年の前年に卵を産んだクマゼミはほとんど子孫を残せなかったに違いありません。しかし、一九八六年以降は、孵化率が五〇パーセントを割ることは一度もありませんでした。孵化時期が早まって梅雨と一致するようになってからは、どの年も雨の日に卵が孵化できたとわかります。

これらをまとめると、クマゼミ増加について以下のような説明が成立します。クマゼミは休眠が終わってから発生して一齢幼虫のからだが完成するまでに時間がかかるために、かつての大阪では梅雨の時期に孵化できるものが少なく、年によっては孵化できるようになった時には雨が降らないために、孵化できなかったり晴れた日に孵化したりして死んでいたと推定されます。ところが温暖化によって休眠が終わってからの発生が速くなり、うまく梅雨の時期に孵化できるようになって幼虫の生存率が高くなり、クマゼミが増加したのでしょう。このようにして、わたしたちは実験と過去の孵化時期の推定結果から、春の温度上昇がクマゼミにとって有利になったと結論しました。

第11章

クマゼミから見えてきた温暖化

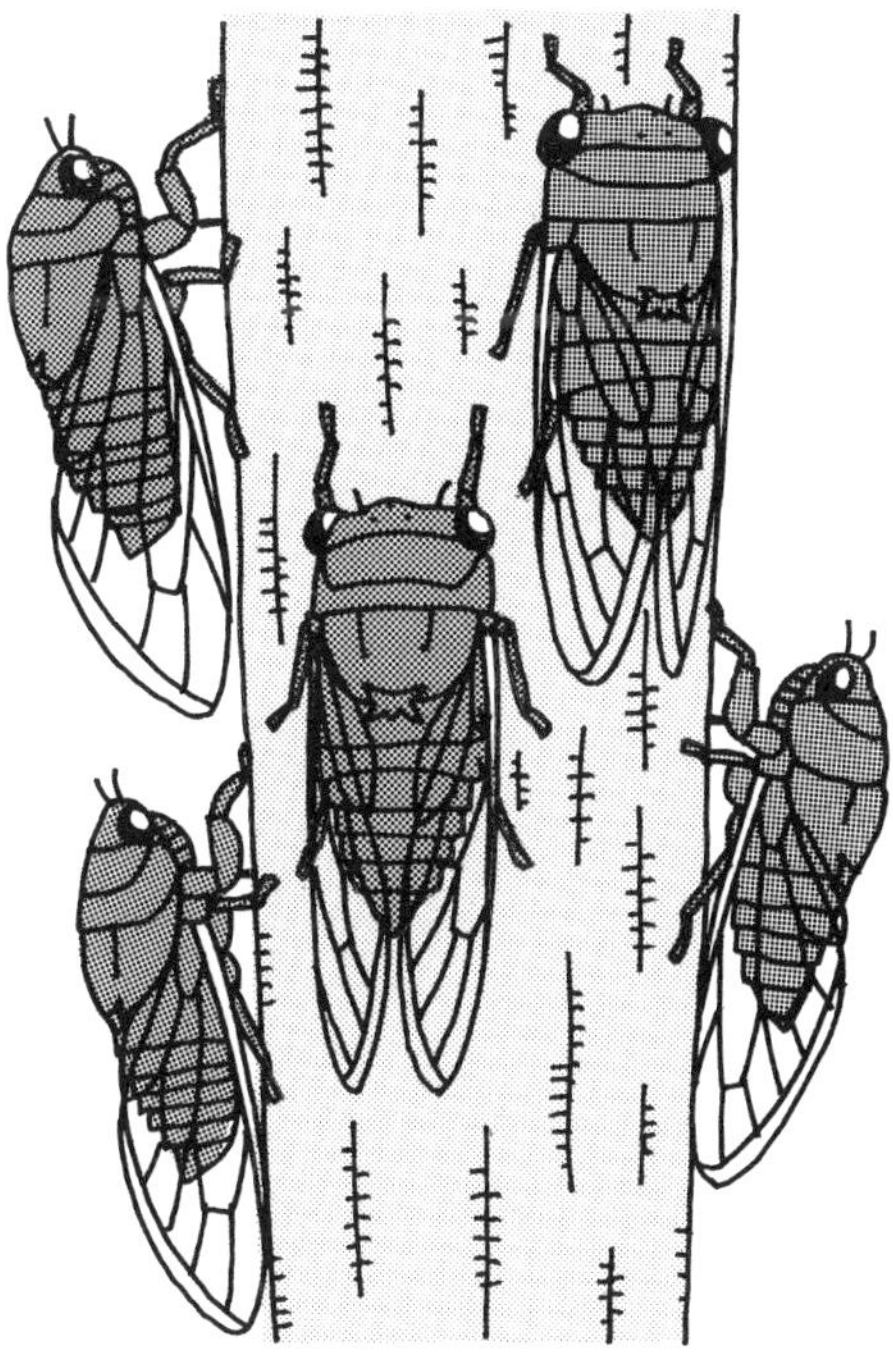

クマゼミの増加と温暖化

このようにして、大阪における近年のクマゼミの増加の原因として、以下のことが明らかになりました(図11-1)。まず、温暖化により冬の寒さが緩和されたことによってクマゼミの卵の越冬中の死亡率が低下してクマゼミが増えたのではありませんでした。次に、都市化、温暖化によって乾燥したことが卵から孵化する時の生存率に影響してクマゼミに有利にはたらきました。そして、都市化、温暖化にともなって乾燥し、地面の清掃が行き届いた上、踏み固められて土が硬くなったことが、一齢幼虫《いちれいようちゅう》が土に潜る際に、他のセミではうまく潜れず、硬い土にも潜れるクマゼミに有利にはたらきました。最後に、温暖化によってクマゼミの卵の発生が速くなり、一齢幼虫の生存に好適な梅雨の時期に孵化できるようになったことによって、一齢幼虫の生存率が上昇したと考えられました。

これらは、森山さんが、大阪市立大学の学部四年生から大学院生だった六年間に行った研究の成果です。「大阪でクマゼミが増えたのは温暖化と関係があるの?」という疑問に答えるために、森山さんは、これらの実験を積み重ねて行ったのです。

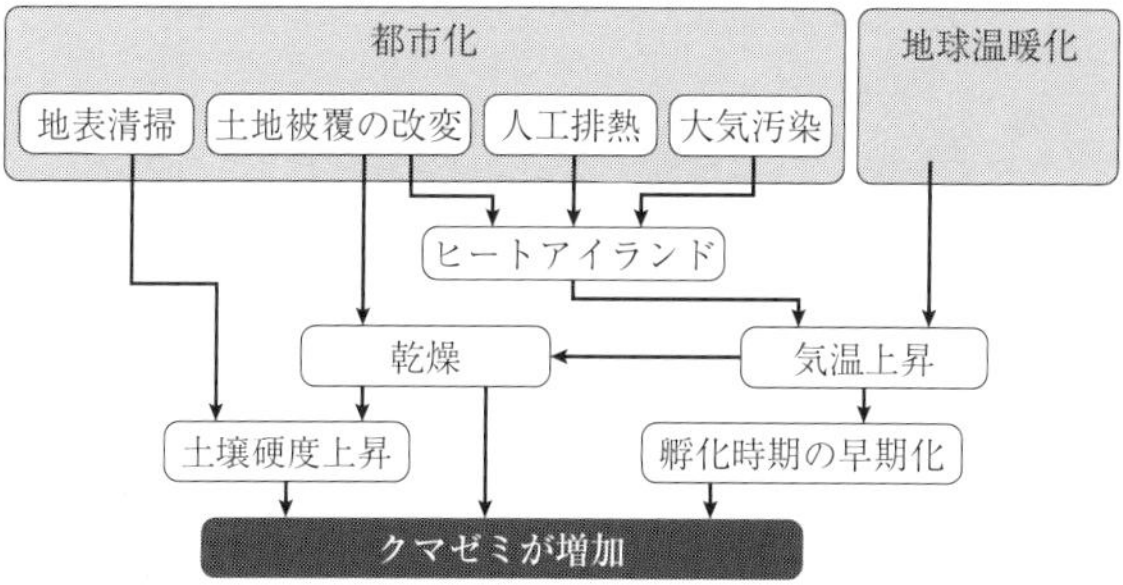

図 11-1　大阪においてクマゼミの増加をもたらした要因

その結果、温暖化、ヒートアイランドがクマゼミの増加に関係していることが明らかになりました。地球規模の温暖化は、ヒートアイランドと一緒になって気温の上昇に貢献したことは推定できますが、それよりも都市に特有の温暖化であるヒートアイランドとの関わりが強く示されたと言えます。

本書ではクマゼミに注目して書いてきましたが、大阪などの大都市でクマゼミばかりになったというのは、他のセミが減ったということにほかなりません。最近の大阪市の様子からはアブラゼミが減ってクマゼミが増えたということになるのでしょうが、かつては大阪市にもニイニイゼミやツクツクボウシがいました。ミンミンゼミに関しては、大阪市には昔からいなかったと言う人もいますが、京都大学名誉教授の吉澤透さん（一九二七年生まれ）が、子どものころ大阪市内でセミ採りをした当時、ミンミンゼミがふつうにいたそうです。
東大阪市の枚岡山《ひらおかやま》では、現在もこれら五種に加えてヒグラシがいます。わたしは京都大学に移ってから、これまでに夏を六回迎えましたが、京都市にある吉田キャンパスで毎年、クマゼミ、アブラゼミ、ニイニイゼミ、ツクツクボウシ、ヒグラシ、ミンミンゼミと六種の鳴き声を聞いています。大阪市ではセミの多様性が失われ、その多様性の喪失に都市の温暖化が関係していると言うこともできます。

ところで、クマゼミが増えていったい何が困るのでしょう。別にかまわないと言えばそうかもしれません。第2章に書きましたが、実害はそれほど深刻ではありません。ニイニイゼミの鳴き声に夏の到来を知り、盛夏には、朝にクマゼミ、昼にアブラゼミ、夕方にヒグラシの鳴き声を聞く。そして、ツクツクボウシの鳴き声は夏の終わりを告げる。これは京都で毎年わたしが感じている夏の風物詩です。大阪のようにクマゼミばかりになると、このように季節や時刻を感じる気持ちは失われてしまいます。セミだけではなく、都市では生物の種数が少なくなっています。生態系というのはたくさんの種《しゅ》の生物が複雑な相互作用をすることによって安定になっています。都市では自然環境に人間が大きく手を入れたことによって、生物の種数が著しく減少して多様性の失われた単純な生態系になっています。単純な生態系は、何かが外部から侵入したり、環境が変化した時に劇的な変化が起きやすいという特性があります。まして温暖化によって、かつては日本で冬を越すことができなかった熱帯、亜熱帯由来の生物が死ななくなっていることを考えると、日本の大都市は心配です。

たとえば、ウェストナイル熱という恐ろしい病気があります。この病気の病原体ウィルスは、ヒトと鳥、カに感染します。この病気はもともとアフリカのものでしたが、アメリカ合衆国などに侵入して大きな害をもたらしています。大阪市立大学に勤めていたころ、キャンパスにはヒトとクマゼミに加えて、ムクドリ(図11-2)とヒトスジシマカ(図11-3)がとても多いことに気づいていました。日本でウェストナイル熱に感染した例はまだありませんが、一旦《いったん》このウィルスが侵入したら日本の都市にはヒトと鳥、カがとても多いので、この病気が大流行する恐れがあります。セミはクマゼミしかいないという環境は、それ自体が大きな害悪をもたらすものではありませんが、生態系が

図 11-2　ムクドリの成鳥

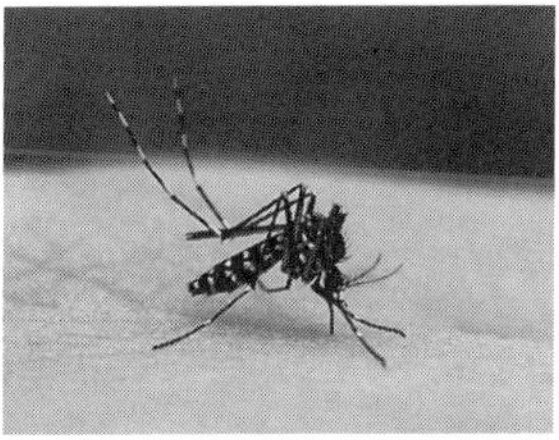

図 11-3　著者を吸血する
ヒトスジシマカの雌成虫

単純になっていることをわたしたちに警告しているのかもしれません。

二〇一四年にはデング熱が日本に入りました。東京の中心部分の公園でカが媒介《ばいかい》したことがわかって大きな騒ぎになりました。二〇一五年も心配したのですが幸い発見されませんでした。一方、二〇一五年からは、ジカ熱(ジカウィルス感染症)が世界的に流行しています。デング熱にかかると死に至る場合があります。ジカ熱では死亡例は知られていませんが、妊婦が感染すると脳と頭が未発達なままの胎児(小頭症)が生まれる可能性が強く疑われていますす。ウェストナイル熱を含めて、これらはすべてカが媒介するウィルス病で、熱帯地域に多いものです。海外との交流が増え、温暖化して生態系が単純になっている日本の都市部は、これらの恐ろしい病気が蔓延《まんえん》する危険性をもっていると言えます。日本の都市部に非常に多いヒトスジシマカは、これら三つの感染症のいずれも媒介する力をもっています。

温暖化以外の要因

わたしたちは、クマゼミの増加要因を考える際に、卵と一齢幼虫が土に潜るまでの時期に注目してきました。大阪市立環境科学研究所の高倉耕一さん(現在は滋賀県立大学准教授)と山崎一夫さんは、クマゼミとアブラゼミの成虫とそれらの捕食者である鳥の関係に注目して研究をしました。

都市のように樹木がまばらな環境では、アブラゼミはクマゼミと比べると鳥からうまく逃げられないそうです。クマゼミは鳥に襲われると逃げて遠くまで飛び去ります。一方、アブラゼミは鳥から逃げても近くの木にすぐにとまります。鳥は木の幹の垂直な面にとまっているセミをうまく食べられないので、郊外の公園たとえば枚岡山など木が密に生えているところではアブラゼミのように少しだけ飛んで近くの木に垂直にとまるだけでもうまくいくのですが、木がまばらな都市環境では別の木を探して飛んでいるうちに鳥に食べられてしまうそうです。実際、高倉さんと山崎さんが大阪市で見つけたアブラゼミの死骸のなんと九八パーセントが鳥に食べられたものだったそうです。一方、クマゼミは半分以上がそのほかの死因でした。したがって、クマゼミの増加には、都市に多い捕食者である鳥から逃げるのがうまいことも関係しているでしょう。

また、京都産業大学附属中学校・高等学校の米澤信道さんらは、京都御苑(京都御所のまわりの公園)において樹種ごとにセミのぬけがらを採集し、クマゼミのぬけがらはケヤキやエノキに多いことを明らかにしました。米澤さんらは、近年大阪市でクマゼミの好む木が植樹されたことが、クマゼミが増えた大きな要因と考えています。

しかし、わたしたちは、第6章に書いたように、セミの一生で一番危険な一齢幼虫が土に潜るまでの時間と、変動の激しい地上の環境に長くさらされる卵の期間が重要だと考えて研究を進めました。そして、第8章から第10章までに書いた研究結果から、都市の温暖化と乾燥化、そして土が硬くなったことがクマゼミ増加の大きな要因だと考えています。

今後の予想

さて、今後はどうなるのでしょうか。初宿さんは、桐谷さんらがかつてミナミアオカメムシで行ったのと同じように(第5章と第7章を参照)、実際にクマゼミの分布している地域の気象データを分析して、八月の平均気温が二五・一度以上で、一月の平均気温が三・〇度以上のところにクマゼミが発生可能と推定しました。現在この条件を満たすところは実際のクマゼミの分布よりも広く、また温暖化によってこれを満たす地域はさらに広がっています。したがって、クマゼミがもっと北に分布を広げる可能性は高いと考えられます。一方で、クマゼミは、神奈川県南部の平地にはふつうに見つかった状態から、東京でふつうに見つかるようになるまで何十年もかかったことや、現在の関東地方における分布が都市部に不連続に存在するのは、都市の条件がクマゼミに有利なせいだけではなく、人為的移入によって分布を拡大しているせいだと言われていることも考えあわせると、移動能力の高いチョウやカメムシの場合と同じようにどんどん分布を拡大するかどうかは疑問です。

二〇〇七年に初宿さんと一緒に書いた『都会にすむセミたち　温暖化の影響?』(海游舎)という本の中では、「二〇三〇年、東京はクマゼミの街になる」と大胆に予想をしました。そして、今では東京都内でふつうにクマゼミが見られるようになりましたが、まだ大阪に比べると少ない状態です。わたしが子どものころの大阪とどちらが多いでしょうか。それはわかりませんが、わたしは今も、クマゼミが東京でこれからますます増えていく可能性はあると思っています。なぜなら大阪で増えた原因としてわたしたちが考えている温暖化、乾燥化、土の硬さの上昇は、東京にもそのままあてはまるからです。

とはいえ東京と大阪では少し違うかもしれないと思うことがあります。大阪ではクマゼミが増えた時期に、ニイニイゼミやツクツクボウシがほとんどいなくなり、アブラゼミが減りました。ところが、東京にはこれらに加えてミンミンゼミがいます。ミンミンゼミは近畿地方では郊外のセミです。大阪市内では、ごくまれに鳴き声が聞かれますが、幼虫が育って羽《う》化《か》していることはないというのが、初宿さんの意見です。一方、生駒山地《いこまさんち》の枚岡山や北摂《ほくせつ》山地の箕面山《みのおやま》ではミンミンゼミがふつうに見られます。京都でも市内中心部にはほとんどいませんが、比叡山《ひえいざん》に近いところではよく鳴き声が聞こえます。かつては近畿地方でもミンミンゼミがある程度都市部にいたという人がいます。先に書いた吉澤透さんに加えて、東京大学名誉教授の毛利秀雄さん(一九三〇年生まれ)も子どものころ京都御苑でミンミンゼミを採ったそうです。一方、奈良市内で育った大阪市立大学名誉教授の粉川昭平さん(一九二七年生まれ)は、ミンミンゼミは都会にはいないセミだと思っていたと書いています。いくらか相違はあるものの、今も昔も近畿地方ではミンミンゼミが郊外に多くて都市部に少ないセミであることは間違いないでしょう。

ところが、わたしが夏に東京に行った時に、都内中心部にある「御茶ノ水」駅の周囲でたくさんミンミンゼミが鳴いていたことに驚きました。関東地方と近畿地方でミンミンゼミのすんでいるところが違うのは不思議です。わたしたちはミンミンゼミの一齢幼虫がクマゼミと同じくらい硬い土に潜れるかを見る実験はしていません。大阪ではもとから多かったアブラゼミを押しのけてクマゼミが多くなったのですが、東京ではライバルとしてアブラゼミに加えてミンミンゼミがいるので、同じ結果になるとは限りません。

また、大阪と東京では公園の雰囲気がかなり違います。大阪の公園は大阪城公園や長居公園に代表されるように、樹木がまばらに生えた明るい感じのところが多いです。そういうところは乾燥し、土が硬くなりがちです。一方、東京は樹木がうっそうと茂っている皇居や明治神宮の森、日比谷公園、目黒の国立科学博物館附属自然教育園などが都内中心部にあります。このようなところでは大阪の公園ほど乾燥したり、土が硬くなったりしないでしょう。また、鳥からのセミの逃げ方が重要という高倉さんと山崎さんの観点からも、大阪とは違う環境のように思います。

　これからもクマゼミは北へ分布を広げるだろうし、今はそれほど数が多くない関東地方の都市部でも増えていくと予想しますが、東京が現在の大阪のようにクマゼミばかりになるかどうかは、少し慎重に見守りたいと思います。

　初宿さんらは一九九三年から二〇一四年までの二二年間、靭《うつぼ》公園でぬけがら調査を続けました。靭公園は大阪市内で今でもアブラゼミがクマゼミと変わらないくらい多い珍しい場所です。この調査を始めたころすでに大阪市内の他の公園ではクマゼミの方が多くなっていたので、靭公園で調査を継続したら、やがては他の公園と同じようにクマゼミが多くなっていくのではないか、その過程を見ることができるのではないかとの予想もあったと聞いています。ところが、現実にはこの公園では、アブラゼミの多い年はクマゼミも多く、両者の割合はほとんど変化していません（図11-4）。初宿さんとともに『都会にすむセミたち　温暖化

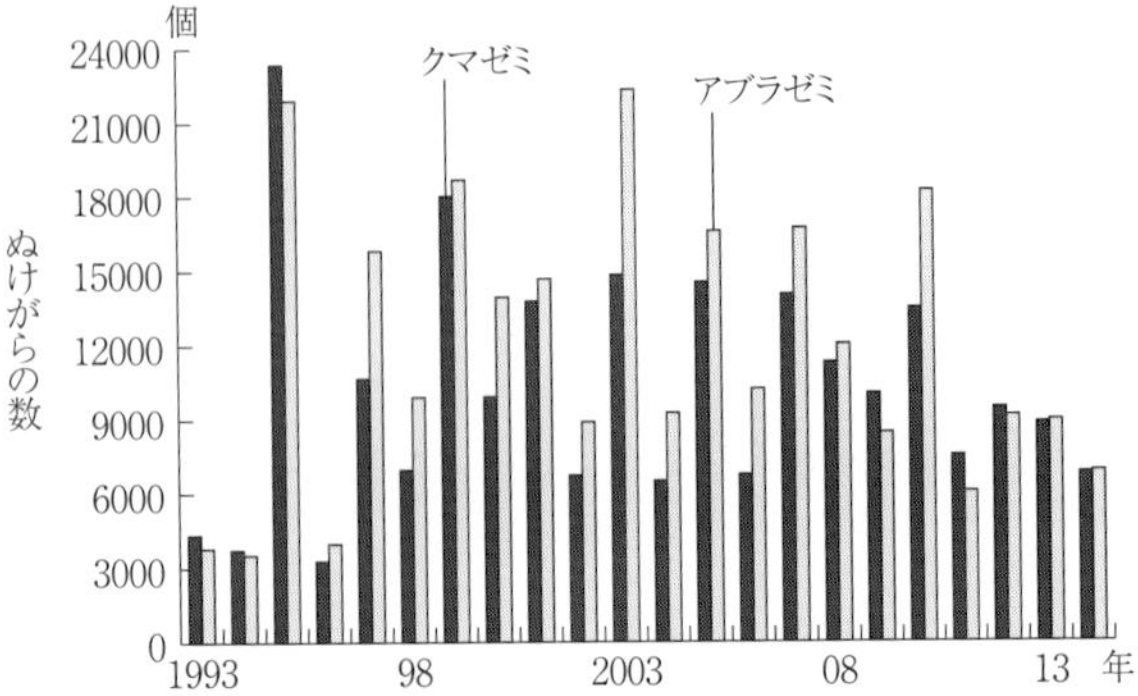

図 11-4　靭公園でのぬけがら調査におけるクマゼミとアブラゼミの数の推移（初宿成彦らによる）

の影響？』を書いた二〇〇七年ごろには、多い年と少ない年が隔年で交替しており、四年間あるいは八年間の合計個体数がほぼ一定になっているという法則を発見したと考えていました。しかし、その後この傾向ははっきりしなくなりました。未来を予測することはなかなか難しいものです。靭公園と他の公園の何が違うかを詳細に分析したら、どういうところにクマゼミが多くなるのか、あるいは逆にどういうところにはアブラゼミが生き残れるのかがわかるはずですが、いまだに明確な結論はありません。

おわりに――わたしが強調したいこと

君たちは大学の先生は何でも知っていると誤解していませんか。わたしは昆虫のからだのしくみや行動について長く研究をしてきたし、大学で動物生理学や動物行動学の講義を担当してきたので、これらに関係があることについては、君たちよりも多く知っていて当然です。温暖化に関係することは、本来の専門分野ではありませんが、本や論文を読んで勉強しながら書きました。それ以外のほとんどのことについては、六〇歳の日本人が知っている平均的な知識しかないのは言うまでもありません。むしろ、これまで専門のことに力を入れてきたから、それ以外のことについては平均以下しか知らないのかもしれません。それなのにテレビや新聞などで、大学教員に、その人の専門とは違うことを尋ねているのを見かけることがよくあります。誰も、プロ野球の選手に相撲やサッカーのことを尋ねたりしないのに、おかしいですね。

しかし、何年か前に「大阪にクマゼミが増えたのは温暖化のせいですか？」とわたしが聞かれた場合はどうだったでしょうか。この話題が出た当時は、わたしは大阪の大学に勤めている生物学の教員で昆虫を研究していました。尋ねた側は、当然何らかの答えが返ってくるものと期待します。当時のわたしは「明確な根拠はないけれど、関係ありそう」と思いましたが、もしそこでわたしが「関係ある」と答えたら、それは一般の人が答えたのと同じ受け取られ方はしなかったでしょう。科学に忠実な立場からは「わかりません」が正しい答えだったと思います。とはいえ、大阪の大学教員で昆虫の研究者が、大阪の昆虫についての質問に対して単に「わかりません」とだけ答えるのは、誠実かもしれませんが、少し情けないようにも思います。何とか自信をもって答えたいという思いがあったところに、森山さんという研究上のパートナーを得ることができ、年数をかけて実験を積み重ね、ようやく何とか答えられるところまできました。

わたしが言いたいのは、科学者が答えるには科学的な根拠が必要だということです。それには時間と手間がたくさんかかるとしても。君たちはこれからの人生でさまざまな問題に出会うことでしょう。科学者を目指す人はもちろん、そうでない人も、他の人たちの意見をうのみにせず、科学的に正しいことは何だろうと常に疑問をもつ姿勢で臨んで欲しいと思います。

もっと勉強したい人のために

この本を読んで温暖化やセミについてもっと勉強したいと思った人のために、比較的新しく出版されて手に入りやすい本をいくつかご紹介します。

地球温暖化について気象学の立場からの説明は、『異常気象と地球温暖化――未来に何が待っているか』(鬼頭昭雄著/岩波新書)を読んでください。地球温暖化に対する社会的な取り組みについては、『地球温暖化の最前線』(小西雅子著/岩波ジュニア新書)に詳しく書かれています。地球温暖化についてのさまざまな質問に答えてくれるのが『地球温暖化――ほぼすべての質問に答えます!』(明日香壽川著/岩波ブックレット)です。

本書とよく似たクマゼミと温暖化の関係について、わたしと初宿さんが二〇〇七年に考えていたことを『都会にすむセミたち　温暖化の影響?』(沼田英治・初宿成彦著/海游舎)に書きました。しかしその後の進展で考えも少し変わってきたので、本書と比較してもおもしろいでしょう。本書の内容とは直接関係ありませんが、北アメリカにいる一三年ゼミや一七年ゼミについては、『素数ゼミの謎』(吉村仁著/文藝春秋)を読みましょう。素数年ごとに大量に羽化するセミの謎を説明する一つの説にたどり着くまでの経緯がわかりやすく説明されています。

また、これからご紹介する三冊は専門書で値段も高くなりますが、それだけの値打ちがあります。まずヒートアイランドについては、『ヒートアイランドの事典――仕組みを知り、対策を図る』(日本ヒートアイランド学会編/朝倉書店)を読めばよくわかります。地球温暖化と多くの昆虫の変動については『地球温暖化と昆虫』(桐谷圭治・湯川淳一編/全国農村教育協会)にまとめられています。そして、セミについては『日本産セミ科図鑑』(林正美・税所康正編著/誠文堂新光社)に、日本にいるすべてのセミの写真と説明が出ているだけでなく、付録のＣＤですべての種の鳴き声を聞くことができます。二〇一五年に改訂版が出版されました。

あとがき

本書の第7章から第10章に書いた実験や観察は、すべて大阪市立大学の大学院生であった森山実さんが行いました。森山さんは、これらの研究で二〇〇九年三月に博士の学位を取得し、現在はつくば市にある産業技術総合研究所で昆虫の共生微生物の研究をしています。森山さんには原稿を読んでわたしの思い違いがないかを確認してもらいました。

吉尾政信さんには、ご自身の研究内容を含む第5章を読んでいただきました。森田治子さんには、一般の読者の立場から原稿を読んでいただき、文章をわかりやすくするのを手伝ってもらいました。森山(下川)佳世さんに前著『都会にすむセミたち 温暖化の影響?』のために描いていただいた挿絵のいくつかを本書でも使わせていただきました。以上の方々に感謝いたします。

岩波書店編集部の山下真智子さんから、「セミと温暖化についての新書を書いてはどうか」

と提案されたのは二〇〇八年の夏でした。それから七年以上が経過してようやく書きあげることができたのはとてもうれしいことですが、随分と待たせてしまい山下さんには申し訳ない気持ちです。この間にわたしは大阪市立大学から京都大学に異動し研究、教育の環境が変わりました。しかし、わたし自身のことを別にすると、この八年間に起こったもっとも大きな事件としては二〇一一年の東日本大震災とそれに続く福島第一原子力発電所の事故があげられるでしょう。わたし自身はもともと原子力発電に懐疑的でしたが、いよいよ温暖化の問題を議論する時に原子力発電を使って二酸化炭素排出量を減らすのがよいと言えなくなったことが大きな変化だと思います。

二〇〇〇年に岩波ジュニア新書『生きものは昼夜をよむ——光周性のふしぎ』を書くまでは、このような本は、老先生が過去の研究生活を振り返りながら、若い人たちに語って聞かせるものだと思っていました。当時岩波書店の後藤耀一郎さんの勧めで、考えを改めて書きました。今読み直すと書き直したいと思うところがある半面、研究者人生のちょうど半ばくらいであった四〇代のころの、これからこんなふうに研究を進めるんだという熱い思いが表れていたように思います。そして、今わたしは六〇歳です。かつてのわたしが老先生と思っていた年齢になりました。そして、これまでの研究生活を振り返りながら前回よりは穏やかな、でも心の中ではちょっぴり熱い気持ちで若い人たちを意識して書きました。この気持ちが君たちに伝わってくれるとうれしいです。

二〇一六年三月

沼田英治

沼田英治
1955年生まれ．京都大学理学部卒業，京都大学大学院理学研究科修了(理学博士)．大阪市立大学大学院理学研究科教授，京都大学大学院理学研究科教授を経て，現在，京都大学名誉教授．昆虫類を主要な研究対象として季節適応の生理学や時間生物学の研究に従事．著書に『生きものは昼夜をよむ――光周性のふしぎ』(岩波ジュニア新書，2000年)，編著に『昆虫の時計――分子から野外まで』(北隆館，2014年)，『虫たちがいて，ぼくがいた――昆虫と甲殻類の行動』(海游舎，1997年)，共著に『時間生物学の基礎』(裳華房，2003年)，『都会にすむセミたち　温暖化の影響？』(海游舎，2007年)，訳書に『マゴットセラピー――ウジを使った創傷治療』(大阪公立大学共同出版会，2006年)，『動物生理学――環境への適応』(東京大学出版会，2007年)など．

クマゼミから温暖化を考える　岩波ジュニア新書833

2016年6月21日　第1刷発行
2025年5月15日　第4刷発行

著　者　沼田英治《ぬまたひではる》

発行者　坂本政謙

発行所　株式会社 岩波書店
〒101-8002 東京都千代田区一ツ橋2-5-5
案内 03-5210-4000　営業部 03-5210-4111
ジュニア新書編集部 03-5210-4065
https://www.iwanami.co.jp/

印刷・精興社　製本・中永製本

ISBN 978-4-00-500833-9　Printed in Japan

岩波ジュニア新書の発足に際して

きみたち若い世代は人生の出発点に立っています。きみたちの未来は大きな可能性に満ち、陽春の日のようにひかり輝いています。勉学に体力づくりに、明るくはつらつとした日々を送っていることでしょう。

しかしながら、現代の社会は、また、さまざまな矛盾をはらんでいます。営々として築かれた人類の歴史のなかで、幾千億の先達《せんだつ》たちの英知と努力によって、未知が究明され、人類の進歩がもたらされ、大きく文化として蓄積されてきました。にもかかわらず現代は、核戦争による人類絶滅の危機、貧富の差をはじめとするさまざまな人間的不平等、社会と科学の発展が一方においてもたらした環境の破壊、エネルギーや食糧問題の不安等々、来るべき二十一世紀を前にして、解決を迫られているたくさんの大きな課題がひしめいています。現実の世界はきわめて厳しく、人類の平和と発展のためには、きみたちの新しい英知と真摯《しんし》な努力が切実に必要とされています。

きみたちの前途には、こうした人類の明日の運命が託されています。ですから、たとえば現在の学校で生じているささいな「学力」の差、あるいは家庭環境などによる条件の違いにとらわれて、自分の将来を見限ったりはしないでほしいと思います。個々人の能力とか才能は、いつどこで開花するか計り知れないものがありますし、努力と鍛練の積み重ねの上にこそ切り開かれるものですから、簡単に可能性を放棄したり、容易に「現実」と妥協したりすることのないようにと願っています。

わたしたちは、これから人生を歩むきみたちが、生きることのほんとうの意味を問い、大きく明日をひらくことを心から期待して、ここに新たに岩波ジュニア新書を創刊します。現実に立ち向かうために必要とする知性、豊かな感性と想像力を、きみたちが自らのなかに育てるのに役立ててもらえるよう、すぐれた執筆者による適切な話題を、豊富な写真や挿絵とともに書き下ろしで提供します。若い世代の良き話し相手として、このシリーズを注目してください。わたしたちもまた、きみたちの明日に刮目《かつもく》しています。(一九七九年六月)

973
ボクの故郷は戦場になった
――樺太の戦争、そしてウクライナへ
重延　浩
1945年8月、ソ連軍が侵攻を開始し、のどかで美しい島は戦場と化した。少年が見た戦争とはどのようなものだったのか。

974
源氏物語入門
高木和子
日本の古典の代表か、色好みの男の恋愛遍歴か。『源氏物語』って、一体何が面白いの？　千年生きる物語の魅力へようこそ。

975
「よく見る人」と「よく聴く人」
――共生のためのコミュニケーション手法
広瀬浩二郎
相良啓子
目が見えない研究者と耳が聞こえない研究者が、互いの違いを越えてわかり合うためコミュニケーションの可能性を考える。

976
平安のステキな！女性作家たち
川村裕子
早川圭子絵
紫式部、清少納言、和泉式部、道綱母、孝標女。作品の執筆背景や作家同士の関係も解説。ハートを感じる！王朝文学入門書。

977
国連で働く
――世界を支える仕事
植木安弘編著
平和構築や開発支援の活動に長く携わってきた10名が、自らの経験をたどりながら国連の仕事について語ります。

978
農はいのちをつなぐ
宇根　豊
生きものの「いのち」と私たちの「いのち」はつながっている。それを支える「農」とは何かを、いのちが集う田んぼで考える。

979
10代のうちに考えておきたいジェンダーの話
堀内かおる

10代が直面するジェンダーの問題を、未来に向けて具体例から考察。自分ゴトとして考えた先に、多様性を認め合う社会がある。

980
食べものから学ぶ現代社会
―私たちを動かす資本主義のカラクリ
平賀　緑

食べものから、現代社会のグローバル化、巨大企業、金融化、技術革新を読み解く。『食べものから学ぶ世界史』第2弾。

981
原発事故、ひとりひとりの記憶
―3・11から今に続くこと
吉田千亜

3・11以来、福島と東京を往復し、人々の声に耳を傾け、寄り添ってきた著者が、今に続く日々を生きる18人の道のりを伝える。

982
縄文時代を解き明かす
―考古学の新たな挑戦
阿部芳郎 編著

人類学、動物学、植物学など異なる分野と力を合わせ、考古学は進化している。第一線の研究者たちが縄文時代の扉を開く！

983
翻訳に挑戦！　名作の英語にふれる
河島弘美

heやsheを全部は訳さない？　この人物は「僕」か「おれ」か？　8つの名作文学で翻訳の最初の一歩を体験してみよう！

984
SDGsから考える世界の食料問題
小沼廣幸

アジアなどで長年、食料問題と向き合い、今も邁進する著者が、飢餓人口ゼロに向け、SDGsの視点から課題と解決策を提言。

985
迷いのない人生なんて
―名もなき人の歩んだ道
共同通信社編
共同通信の連載「迷い道」を書籍化。家族との葛藤、仕事の失敗、病気の苦悩…。市井の人々の様々な回り道の人生を描く。

986
ムクウェゲ医師、平和への闘い
―「女性にとって世界最悪の場所」と私たち
立山芽以子
華井和代
八木亜紀子
アフリカ・コンゴの悲劇が私たちのスマホに繋がっている？ ノーベル平和賞受賞医師の闘いと紛争鉱物問題を知り、考えよう。

987
フレーフレー！就活高校生
―高卒で働くことを考える
中島　隆
就職を希望する高校生たちが自分にあった職場を選んで働けるよう、いまの時代に高卒で働くことを様々な観点から考える。

988
野生生物は「やさしさ」だけで守れるか？
―命と向きあう現場から
朝日新聞取材チーム
多様な生物がいる豊かな自然環境を保つために、時にはつらい選択をすることも。悩みながら命と向きあう現場を取材する。

989
〈弱いロボット〉から考える
―人・社会・生きること
岡田美智男
弱さを補いあい、相手の強さを引き出す〈弱いロボット〉は、なぜ必要とされるのか。生きることや社会の在り方と共に考えます。

990
ゼロからの著作権
―学校・社会・SNSの情報ルール
宮武久佳
情報社会において誰もが知っておくべき著作権。基本的な考え方に加え、学校と社会でのルールの違いを丁寧に解説します。

991 データリテラシー入門
―日本の課題を読み解くスキル
友原章典
地球環境や少子高齢化、女性の社会進出など社会の様々な課題を考えるためのデータ分析のスキルをわかりやすく解説します。

992 スポーツを支える仕事
元永知宏
スポーツ通訳、スポーツドクター、選手代理人、チーム広報など、様々な分野でスポーツを支えている仕事を紹介します。

993 おとぎ話はなぜ残酷でハッピーエンドなのか
ウェルズ恵子
異世界の恋人、「話すな」の掟、開けてはいけない部屋――現代に生き続けるおとぎ話は、私たちに何を語るのでしょう。

994 歴史的に考えること
―過去と対話し、未来をつくる
宇田川幸大
なぜ歴史的に考える力が必要なのか。近現代日本の歩みをたどって今との連関を検証し、よりよい未来をつくる意義を提起する。

995 ガチャコン電車血風録
―地方ローカル鉄道再生の物語
土井　勉
地域の人々の「生活の足」を守るにはどうすればよいのか？　近江鉄道の事例をもとに地方ローカル鉄道の未来を考える。

996 自分ゴトとして考える難民問題
―SDGs時代の向き合い方
日下部尚徳
「なぜ、自分の国に住めないの？」彼らが国を出た理由、キャンプでの生活等を丁寧に解説。自分ゴトにする方法が見えてくる。